圖解

機率・統計

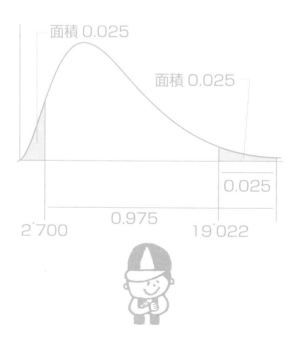

監修◎ **鈴木香織**
竹原一彰

積木文化

前　言 ....

　　大家聽到「機率、統計」會想到什麼呢？我想在我們的身邊，常有機會聽到用機率表示的資訊，像是氣象預報或市場趨勢預測等。這種預測未來的資訊，其背後就是機率、統計理論的活用。

　　現在大家從網路上很輕易地就可以取得大量的文章或統計資料。用來從這些資料中找出定律的機率、統計知識，地位因此可以說是越來越重要了。

　　而且這些知識也廣泛應用在自然科學、經濟學、心理學等範疇中，今後與其他範疇交流的機會也必然會增加，實在是一門非常有趣且有未來性的學問。

　　本書針對第一次接觸到「機率、統計」的人，彙整了短期內可學會機率、統計的內容，包含統計能做到什麼樣的估計與檢定等重要概念。

　　為了避免突然接觸定義或公式會嚇壞初學者，也為了討厭數學的人，所以解說時盡量從為什麼會這麼想、為什麼必須有這樣的理論切入。再經由仔細的圖解、用 Excel 的初步實驗等加以補充，希望能讓讀者對機率、統計有正確的認識。當然，第 3 章以

後就是正規的內容，會出現比較難的定義或公式，但相信讀者還是可以理解機率、統計的。

學會機率、統計的完整概念之後，本書也針對目前廣受矚目的應用範疇，如「資料探勘」（data mining）或「自然語言處理」（natural language processing）等，進行簡單的的基礎解說，內容精采豐富。

〈本書目標讀者〉

本書以下列讀者為目標：

1. 有心學習機率、統計者

2. 讀過入門書卻遭到挫折者

3. 有心了解機率、統計的應用範疇（資料探勘或自然語言處理）者

〈本書目的〉

本書主要有以下四大目的：

1. 由平均或變異數等基本統計量之計算，到估計、檢定為止，讓讀者理解機率、統計的完整概念。

2. 同時理解這些概念與理論，為什麼會這麼想、為什麼必須有這樣的公式。

3. 了解資料探勘或自然語言處理等應用範疇，成為進一步學習的動機。

4. 可以用 Excel 進行機率、統計的初步實驗。

希望各位讀者都能理解到機率、統計的基礎與樂趣，甚至讓本書成為你進一步學習的動機，這就是我們最高的喜悅。

最後在此向製作本書相關之編輯群、設計人員、插圖人員等，致上最深的謝意。

鈴木香織、竹原一彰

本書內容介紹

資料有什麼特徵呢？

→ 請看 **第2章**（統計）！

怎樣才能更詳細地表達資料的離散呢？

→ 請看 **第3章**（機率）！

資料值的範圍，大概會介於哪個區間呢？

如何才能了解因為離散而發生的兩個資料差異呢？

→ 請看 **第4章**（估計） **第5章**（檢定）！

會看機率、統計的資料之後，可以應用在什麼地方呢？

→ 請看 **第6章**（資料探勘）

第7章（語言資料的統計學）！

圖解 機率・統計

目 錄

1章 沒有公式！統計、機率入門

2章 不可不知！統計的便利工具

3章 統計背後的主角！機率的基礎

4章　利用線索，進行推理，找出真相！估計

5章 驗證,假設,找出真相!檢定

6章 統計的精髓！資料探堪之應用

7章 統計的精髓！語言資料的統計學

沒有公式！
統計、機率入門

什麼是統計？

知道統計可以做什麼

統計可以做兩件事

簡單地說，統計就是**分析事物的資料，了解特徵與趨勢的方法**。針對各種事件、現象，為了分析其過去與未來，前人做了各式各樣的驗證，他們努力的結晶，有時就變成較難理解的符號與公式。

然而，我們先把難懂的符號與公式放一旁，本章首先要向大家說明統計可以做什麼，並舉身邊的例子來說明基本的想法。

使用統計大致可以做兩件事。第一件事是**分析事件的資料，掌握特徵**。第二件事是**由事件的部分資料，推論事件的整體**。

如果蛋糕店老闆也開始使用統計

某家蛋糕店的老闆在想：「我每天雖然有記錄營收，但有沒有方法將這份資料活用在經營上啊？」

如果蛋糕店老闆會看統計資料，首先就可以掌握過去的營收特徵，如「星期六是尖峰日，平均可以賣 50 個」。更進一步就可以擬定未來的行動方針，「接下來每天要做幾個蛋糕最合適呢？」

然後甚至可以針對「今年的布丁營收比去年多」一事，客觀地掌握這到底是〈只是偶發事件〉，還是〈實際上抹茶布丁真的越來越受客人歡迎〉。

統計可以做的事

 統計　分析事物的資料，了解特徵與趨勢的方法

1 分析事件的資料，掌握特徵

2 由事件的部分資料，推論事件的整體

身邊的有用統計

不知道可不可以用營收記錄，更有技巧地做生意啊！

只要了解統計

過去的營收特徵

星期六是尖峰日，平均可以賣 50 個

未來的行動指針

每天最好做 20 個以上的蛋糕

客觀的驗證

今年的布丁營收比去年多

機率、統計的起源

思考機制的機率與分析結果的統計

用理論考量遊戲與賭博的機率

和統計大有關係的機率，其實起源自遊戲與賭博。數學家**巴斯卡**（Blaise Pascal）因討論「當兩個人在玩勝者賭金全拿的遊戲時，如果臨時終止，賭金該如何分配呢？」而用到了機率。與第 3 章說明的**機率分配**（請參照 68 頁）關係密切的**伯努利**（Jacques Bernoulli），則由猜測擲銅板的正反面，引導出機率的想法。

由此可知，機率是由某種程度固定的遊戲機制，也就是資料如何產生的機制衍生出來的。

為分析實驗結果而產生的統計

統計可以說是由龐大的記錄資料中，發掘資料背後暗藏的機制之手段。

統計的起源說法眾多，不過不得不提到兩組統計學者對統計發展的貢獻。**尼曼**（Jerzy Neyman）和**皮爾生**（Egon Sharpe Pearson）發明了**由部分資料推論全體**的**估計**（estimation），以及**比較兩種資料是否有差異**的**檢定**（test）基礎。

費雪（Ronald Aylmer Fisher）則提出了**實驗設計法**（design of experiments），**建構出有效率的資料蒐集方法與結果分析方法的體系**。

順帶一提，費雪之所以會想到實驗設計法，聽說是他在享受下午茶時，聽到某位婦人閒聊提到「喝紅茶時，杯子裡先放牛奶或先放紅茶，喝起來味道會不同」，為了想驗證這種說法是否正確，因而有了實驗設計的構想。

機率的起源

機率是由有明確的資料產生機制衍生出來

賭博的賭金
該如何分配呢？

機率

擲銅板會出現
正面還是反面？

巴斯卡（1623-1662）
法國哲學家、數學家、物理學家。
以著作《沉思錄》中「人類是一枝會思想
的蘆葦」等語錄為人所知。

伯努利（1700-1782）
瑞士物理學家、數學家。研究出飛機的飛行
原理「伯努利定律」（Bernoulli Law）與氣
體動力論（kinetic theory of gases）。

統計的起源

為了在資料中找出機制而發展出來

由部分到全體！
⇒估計

兩種資料的
差異？ ⇒檢定

統計

美味的紅茶
沖泡方法？

皮爾生（1895-1980）
尼曼（1894-1981）
數理統計學家。年齡只差 1 歲的兩人志趣
相投，建構出現代推論統計的中心理論。

費雪
（1890-1962）
英國統計學家、生物學家。為現代推論
統計奠定基礎，同時從事優生學與族群
遺傳學（population genetics）。

1-3 機率、統計的基本概念

了解機率與統計的概念差異

以資料產生機制為主的「機率」

機率概念的中心，就是產生資料的法則與機制的機率分配（請參照 68 頁）。

舉例來說，我們都知道「擲銅板」出現正面與反面的機率各是 50％，如果只擲 100 次，所得的正反面機率可能還不是各 50％，但是當你擲了 1 萬次，機率就會趨近 50％。你可以把擲幾次銅板，想成樣本資料。

當我們談論到機率時，一般不會意識到**母體**（population），也就是包括有調查與沒被調查的全體資料。換言之，就是當你擲了無限多次銅板時，就等同於統計世界中所謂的母體資料。

更進一步說，統計的重點就是利用實驗與母體的關係，推論母體的特徵。

為了由冰山一角了解整座冰山的「統計」

統計由理解調查的資料，亦即**樣本**（sample）開始。接著是使用這些樣本來推論並理解尚未調查的資料，這就是統計可以做到的事。

讓我們用冰山做例子。眼睛看得到的部分，其實只是冰山浮出海面的一角而已，我們看不到海面下的整座冰山。在統計上，看得到的冰山一角就是「樣本」，而包含那一角在內的整座冰山就是母體。

統計與機率的關係

統計的世界

統計就是由冰山的一角來推論全體形狀

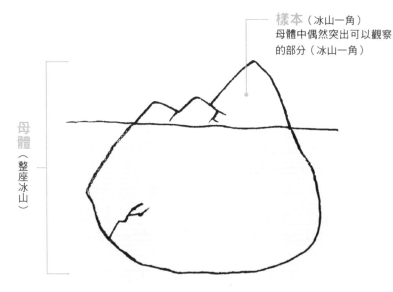

樣本（冰山一角）
母體中偶然突出可以觀察的部分（冰山一角）

母體（整座冰山）

機率的世界

機率世界的中心就是資料產生的機制

● 擲銅板的機率

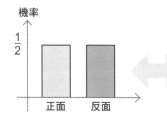

機率

$\frac{1}{2}$

正面　反面

出現正面與反面的機率
各為 50%

● 擲銅板的結果

100次	正面	反面
	60（60%）	40（40%）
1萬次	正面	反面
	5,043（50.4%）	4,957（49.6%）

擲無限次的話會等同母體

1-4 統計的兩大範圍

敘述統計與推論統計

整理資料的統計與推論全體的統計

統計有兩種。第一種稱為敘述統計，是要將資料的特徵、性質明確化的統計。

舉例來說，如果取得的樣本資料是「過去一個月的蛋糕營收」，就可以簡單敘述資料的特徵，如「一天平均賣幾個」、「每天營收的變化如何」等。

第二種稱為推論統計，經由樣本資料，使用隱藏在母體背後的機率來推論母體的特徵。

舉例來說，針對「每日的蛋糕營收」，可以預測未知的狀況，如「明天有 95% 的機率可以賣出 50 個左右的蛋糕」，也可以和其他資料比較，如「鄰鎮的蛋糕店營收，和自己的店相差多少」。

用統計方法思考蛋糕的營收

接著我們來思考一下「鄰鎮的蛋糕店和自己的店的營收」。如果有鄰鎮蛋糕店一個月的銷售數量，和自己的店一個月的各項銷量表，就可以根據敘述統計的想法，整理出「鄰鎮的店一天平均銷售 20 個蛋糕，自己的店平均銷售 18 個」的結果。

另一方面，根據推論統計的想法，「每個月缺貨日要控制在兩天以內的話，每天要做幾個蛋糕才好？」「鄰鎮的店蛋糕的一日平均營收，和自己的店不同嗎？」有助於採取下一步行動，或驗證結果。

統計的兩種種類

 **敘述統計** 將資料的特徵、性質明確化的統計

過去一個月的
蛋糕營收

一天平均賣幾個呢

每天營收的變化如何呢

 **推論統計** 由樣本資料推論母體特徵的統計

樣本

明天有 95% 的機率可以賣
出 50 個左右的蛋糕吧

鄰鎮的蛋糕店營收，和自
己的店差多少呢

母體

推論特徵

1-5 了解樣本與母體的特徵

用敘述統計了解資料的特徵

有效表現樣本、母體的敘述統計

敘述統計就是要闡明現在了解的資料（樣本），與樣本出處的母體之特徵、性質。

舉例來說，學校考試常使用的**平均數**，大家都很熟悉吧。其實平均數就是代表資料特徵的一種**統計量**，在敘述統計中扮演著重要的角色。

其他還有許多代表資料特徵的統計量，像是按照大小順序排列的資料中，位於中間位置的**中位數（median）**，與代表資料離散程度的**變異數（variance）**等，詳細內容將在第 2 章說明。總而言之組合多個統計量加以理解，就可以理解光靠平均數無法掌握的資料特徵。

然而，或許有些讀者會認為，「為什麼必須用數字敘述？用圖表看不是比較容易了解嗎？」因為許多時候數學說明必須具體明確。舉例來說，以數字說明「平均銷售 100 個」，和用圖表模糊曖昧的表示「大概這麼多」，如果這兩種表現方式要二選一，就應該選前者明確的數字。

當然，圖表是任何人可以馬上理解、容易了解的表現方式，所以最好能有效地合併使用。

此外，與其要保管過去好幾年的全部銷售資料，倒不如將有效代表這些資料特徵的統計量，做為銷售資料加以保管，這樣不但容易記住，也能減少資料量。這說不定是有效利用資料的最佳形態。

代表資料特徵的敘述統計量

敘述統計的優點

❶ 使用統計量簡潔地表現資料的特徵
➡組合後可能發現新的特徵

❷ 可以明確說明減少模糊曖昧
➡在數學的世界很重要

❸ 資訊量精簡
➡比較容易記住，也比較容易用電腦儲存

關於統計量的詳細內容
詳見第 2 章

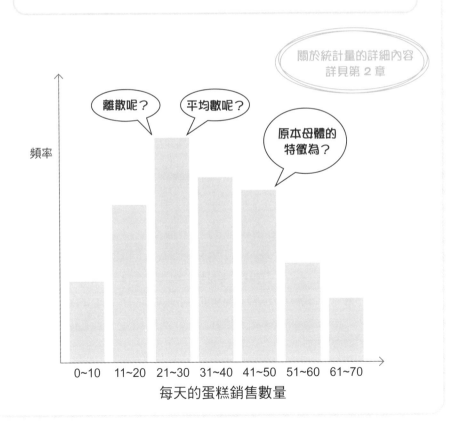

離散呢？

平均數呢？

原本母體的
特徵為？

頻率

0~10　11~20　21~30　31~40　41~50　51~60　61~70

每天的蛋糕銷售數量

1-6 推論並理解未知的樣本

推論統計的手法：估計與檢定

理解未知樣本的推論統計

統計的第二個重要角色，就是**推論統計**。一般而言，推論統計強烈意識到樣本與母體的差異，其代表性的手法有兩種：**估計**與**檢定**。

估計係指由樣本資料推論樣本來源的母體性質，試著估計再次取樣時的性質。

舉例來說，我們有過去十年來每日的蛋糕銷售資料，假設這是樣本。此時的母體就是由過去到未來的每日蛋糕銷售資料。利用樣本資料預測將來的銷售等性質，就是估計。

利用估計，就可以知道「下個月的銷售量有 90% 的機率是 20 ～ 40 個之間」或「賣掉 50 個以上的機率是 5%」等。所謂估計，就是用來推論相同母體的其他樣本的性質。

另一方面，如果有其他店的銷售資料，要判斷該店資料的產生方法，是否和自己的店的銷售母體一樣，這就是統計檢定。

舉例來說，以 A 小學現在的六年級女生身高為樣本，日本的小學所有六年級女生身高為母體。此時，「預測 B 小學的六年級身高是什麼狀況」，這就是估計。然後，「B 小學的女生平均身高，比 A 小學略高，這是否可以明確地說 B 小學的女生比 A 小學高呢」，像這種樣本之間的比較，就是檢定（詳細內容將在第 4 和第 5 章說明）。

強烈意識到母體的推論統計

推論統計的優點

❶ 可由樣本推論母體
➡ 前提是只能取得部分資料

❷ 可客觀推論母體性質
➡ 可利用估計的手法做具體的數值推論

❸ 可確認不同樣本間的差異
➡ 可利用檢定的手法判斷是否有不只是偶然的明確差異

母體

樣本

估計

推論母體性質

估計其他樣本資料的性質

樣本 A

樣本 B

檢定

A 小學六年級女生的身高

（樣本之間的比較）

B 小學六年級女生的身高

母體
（日本的小學六年級
女生身高）

詳細內容請詳第 4、第 5 章

1-7 用數值表示可能發生的程度

偶發事件的發生法則

表示並非經常發生的事件

所謂的**機率**，總而言之，就是當某事件不一定會發生的時候，用 0 到 1 的數值表示可能發生的程度。而針對所有可能發生的事件，列出機率（以數值表現可能發生的程度），就稱為**機率分配**。換言之，**機率分配就是對應各種事件與其可能發生的程度（機率）之表現**。

思考可能發生的程度而不是發生次數

讓我們來想想看「擲一枚骰子時出現 1 點的機率是？」這種簡單的機率問題吧。骰子有六面，其中只有一面是 1 點，所以假設每一面出現的機率一樣，應該是 1/6 = 0.1666… ≒ 16.7% 吧。如果是「擲二枚骰子時，合計出現 3 點的機率是？」這樣的問題，合計為 3 點的組合（1, 2）和（2, 1）兩種，二枚骰子出現的面的組合總共有 6×6 = 36 種，所以 2÷36 = 1/18 = 0.0555 ≒ 5.6%。

這麼簡單的問題，也隱含了機率的重點。那就是**所有事件的發生機率合計為 1**。為什麼合計為 1 很重要？這是為了「消除次數的影響」。舉例來說，在棒球場上即使有同樣打 3 支安打的人，但 100 個打數 3 支安打和 10 個打數 3 支安打是大不相同的。因為如果換算成打擊率（機率），會變成 0.03（3%）和 0.3（30%）。

這種思考可能發生的程度而不是發生次數，就是機率的想法。

表示可能發生的程度

機率 用數值 0 到 1 表示某事件可能發生的程度

例 銅板正反面＝$\frac{1}{2}$　　骰子的一面＝$\frac{1}{6}$

機率分配 對應某事件與其可能發生的程度（機率）之表示

機率不是表現發生次數，而是表現可能發生的程度

骰子 一枚

點數	機率
1	1/6
2	1/6
3	1/6
4	1/6
5	1/6
6	1/6
合計	1

骰子 兩枚

點數		骰子2						合計
		1	2	3	4	5	6	
骰子1	1	1/36	1/36	1/36	1/36	1/36	1/36	1/6
	2	1/36	1/36	1/36	1/36	1/36	1/36	1/6
	3	1/36	1/36	1/36	1/36	1/36	1/36	1/6
	4	1/36	1/36	1/36	1/36	1/36	1/36	1/6
	5	1/36	1/36	1/36	1/36	1/36	1/36	1/6
	6	1/36	1/36	1/36	1/36	1/36	1/36	1/6
合計		1/6	1/6	1/6	1/6	1/6	1/6	1

合計為 1

思考機率（可能發生的程度）而不是次數

3 支安打！

10 個打數 **3 成的打者**　　100 個打數 **0.3 成的打者** ✕

1-8 機率與推論統計的密切關係

機率的關鍵字就是推論統計

對應各種事件的各種機率分配

就像事件有各種性質，機率分配也有許多種類。常用來做為例子的擲銅板或擲骰子，它們的數值都是一個一個的整數（**離散值**），而且會出現的數值有限。

然而機率分配並不是只有這種個別、分立的數值，也可以有小數點，是平滑的連續數值（**連續值**），如射飛鏢時射中的點到紅心之間的距離等。

掌握機率即可掌握推論統計

最近隨著 IT 技術的進步，在公司內部的資料庫中累積了許多資料。而隨著網際網路的普及，透過全球網頁很容易可以取得各種資料。因此統計的應用範圍，也隨之拓展到社會學、心理學、生物學、農業學等領域。

以機率分配為重要核心的推論統計，也增加了行銷、生物資訊學（bioinformatics）、資料探勘等應用（依據機率分配的推論統計技術，也稱為統計性推論）。

推論統計的基本，就是要知道隱藏在我們可以調查的樣本背後的母體性質。而讓該母體發生的性質的法則，就是機率分配。具體內容將在第 3 章以後說明，不過機率分配是理解推論統計的重要想法，請務必藉此機會學會這種想法。

各種機率分配

離散值

像骰子的點數一樣只有整數值，
或像銅板正反面一樣只有兩種

連續值

人類的身高或體重，某位置到目
標之間的距離等，只要精密測
量，可以量到非常細微的數值

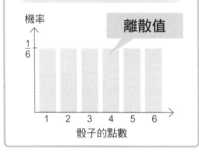

骰子點數的機率分配

機率

離散值

$\frac{1}{6}$

1　2　3　4　5　6

骰子的點數

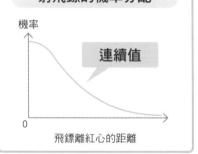

射飛鏢的機率分配

機率

連續值

0

飛鏢離紅心的距離

推論統計重要的核心就是機率

樣本

母體

推論統計

背後機制

機率分配

機率的世界

以機率分配為重要核心的推論統計，應用日益增加

1-9 機率、統計的應用

由資料探勘到文章開採

用資料探勘發現知識

資料探勘係指統計解析大量的資料,發現必要資訊的整體技術。顧名思義,就是由資料這座礦山,發掘(探勘)出有價值的東西。

以大型超市「沃爾瑪」的購物籃分析為例,「買尿布的人會買啤酒」,就是一個使用**關聯法則分析**的知名案例。

而在醫療範疇的應用方法,就是我們常聽到的所謂實證醫學,「要根據證據來治療,而不是進行沒有根據的治療」,像是由病患的電子病歷資訊,找出容易罹癌的人的趨勢等。

在第 6 章,我們會由範圍非常遼闊的資料探勘技術中,介紹一些簡單且容易以直覺使用的技術。

連文章、影像、聲音都可以探勘

資料探勘主要指的是指數值資料的分析。然而我們看到的資料,並不只是單純數值,還有像華語等自然語言、影像、聲音等各種種類。這些資料因為結構不易了解,被稱為**非結構化資料**,為了能用電腦處理,必須將之數值化、結構化之後再行分析。此時數值化、結構化的動作,稱為**特徵擷取**(feature extration),和解析技術都非常重要。

在第 7 章我們會以在行銷學中廣受注目的**關鍵字分析**(text minging)為例,來說明非結構化資料。

由資料中發掘

資料探勘

係指統計解析大量的資料，發現必要資訊的技術整體

例 購物籃分析

分析大型超市的銷售資料

結果 買尿布的人會同時買啤酒

背景 來買占空間的尿布的爸爸也會順便買啤酒

詳見第 6 章！

非結構化資料的探勘

非結構化資料的探勘

係指統計解析自然語言、影像、聲音等非數值資料，或結構複雜的非結構化資料

特徵擷取

為了做為分析資料，將之數值化、結構化的動作

關鍵字分析在第 7 章！

1-10 統計軟體的介紹

試算表軟體與統計解析軟體

統計可利用的試算表軟體

實務上使用統計時，必須有電腦軟體。

首先，最具代表性的，可說就是將資料填入表中計算的**試算表軟體**。除了可以針對輸入到表格（欄位）內的值一起進行計算處理之外，也有可進行某些複雜處理的**函數**，如「求平均數」等。

最有名的試算表軟體是付費的微軟 Office Excel，最近也有可免費使用的 OpeOffice.org「Calc」、可在網頁使用的 Google「Google Spreadsheets」等，不但使用方便，而且比手算更快更準確，所以請積極使用看看吧（本書部分章節最後有 Excel 的相關項目）。

可編程的統計解析軟體

在統計實務上，要放入具體數值進行計算。要用電腦正式進行這種計算，有必要鉅細靡遺地設定應該做什麼計算時，就會使用可編程的（programming）**統計解析軟體**。

最具代表性的統計解析軟體就是付費的「SPSS」、「SAS」等，免費的則有「R」等。Excel 也可以利用「VBA」編程，不過統計專門軟體的複雜函數較多。「R」則有可自由公開、利用使用者寫的程式的「CRAN」系統，也可利用全球的最新技術。

統計可利用的軟體

試算表軟體　可以針對輸入到表格內的值進行計算處理的軟體。也有可進行某些複雜處理的函數，如「求平均數」等

付費

Office Excel

By Microsoft

在第 2、3、4、5 章
最後有 Excel 的說明

免費

Calc

By OpenOffice.org

可在網頁使用

Google Spreadsheets

By Google

統計解析軟體　在進行統計計算時，可鉅細靡遺地設定編程，其中有許多統計用的專門函數

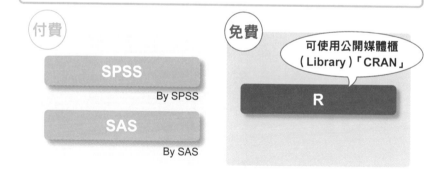

付費

SPSS

By SPSS

SAS

By SAS

免費

可使用公開媒體櫃
（Library）「CRAN」

R

比手算更快更確實，而且製表容易，
請積極使用看看吧！

資料不正確就無法得到正確的結果

在統計的世界中有一句名言,「垃圾進垃圾出」（Garbage in, garbage out）。意思就是「輸入像垃圾一樣的資料,不論再怎麼分析,也只會得到如同垃圾的結果」。

最佳例子就是資料輸入錯誤。2008 年 6 月對照了日本社會保險廳管理的厚生年金電腦記錄與紙本登記（原稿）,結果發現有約 1.4% 的輸入錯誤。

母體為紙本登記所記錄的名簿、單據約 4 億件,從中抽取約 2 萬件的樣本進行對照,結果不一致的有 277 件。1.4% 聽起來好像很少,不過母體 4 億件的 1.4%,就等於約 560 萬件。因此可能會有這麼多人領不到年金。

年金支付金額是根據輸入到電腦中的資料來決定的。因此,如果輸入的資料有誤,年金金額就會變少,甚至領不到。

要對照所有記錄據說要花上 10 年,以及 3,300 億日元的成本。這真的可以說是「垃圾進垃圾出」的典型範例。

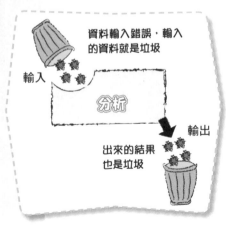

資料輸入錯誤,輸入的資料就是垃圾

輸入

分析

輸出

出來的結果也是垃圾

不可不知！
統計的便利工具

理解資料的特徵、性質

統計的第一個角色：敘述統計

理解樣本

在第 1 章說明過，統計的第一個角色敘述統計的目的，就是要理解已知資料的**樣本**，同時理解包含沒看到的資料在內的**母體**。

之前說明過數值比圖表更有效，但如要了解資料全體概要，數值比較不合適。圖表化後以視覺理解樣本全體的趨勢，是了解樣本全體概要的關鍵。特別是**直方圖**（次數分配表）──也就是顯示哪個數值出現幾次的圖表──很有效。

其次，讓我們來學習計算顯示資料特徵的**統計量**。統計量當中，掌握樣本特徵、趨勢的數值，就是**基本統計量**。敘述統計的代表統計量是**平均數**，其他還有**中位數**（數值大小順序裡的中間值）、**眾數**（出現次數最多的數值）或**變異數**等。另外還有**組合多個統計量以了解樣本趨勢的方法**，不只有助於顯示一個樣本的特徵，也可有效掌握個人或組織公開資料的特徵。

理解母體

統計的目的不光是要理解樣本特徵，還包含要理解樣本來源的母體特徵。

因為無法直接知道母體統計量，所以要從樣本統計量來估計。這種可以表示母體特徵的數值也是統計量的一部分，稱為**不偏估計量**（unbiased estimator）。

理解樣本與母體

敘述統計

將資料的特徵與特性明確化

理解樣本

直方圖（次數分配表）

表示哪個數值出現幾次（長條圖）

統計量

● 平均數
● 中位數
● 眾數
● 變異數等

理解母體

以直方圖統計量表示

樣本（冰山一角）

由樣本來估計母體
↓
不偏估計量

母體（整座冰山）

母體的特徵是？

2-2 直方圖

將頻率改以圖形表示，掌握離散的全貌

用眼睛看頻率來理解

所謂**直方圖**（**次數分配表**），是用眼睛看，以掌握資料特徵、趨勢的一種方法。依據樣本數值，也就是事件的種類，來計算該數值出現的次數（**頻率、次數**），並**繪製以橫軸為數值、縱軸為頻率的圖形表示**。

舉例來說，根據蛋糕銷售數量資料，繪製橫軸為「銷售數量」，縱軸為「該銷售數量的天數」的圖形，就可完成直方圖。

分組彙整多個事件

在蛋糕的例子中，即使橫軸數值都只相差 1 個，單位是 0 個、1 個……，看起來也很簡單明瞭。不過原本資料的數值是更多樣化的。此時就必須用一定的個數加以區分，例如 0 ～ 4 個、5 ～ 9 個等，計算各區間內的資料個數，比較容易了解。

右頁圖「家庭儲蓄額階級分布（二人以上的家庭，2008 年速報）」中，就不是以 1 日元為區分單位，而是以 200 萬日元為區分單位。這種**將資料依照一定範圍區分的各個區間**，就稱為**分組**。要小心的是，如果階級範圍設定得太大，就無法了解頻率會如何分布了。

像這樣看某範圍內的事件出現次數的離散程度（分布），這就是直方圖。

化為圖形後離散程度一目了然

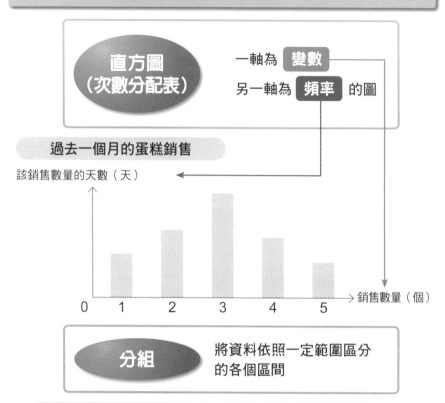

直方圖
（次數分配表）

一軸為 **變數**

另一軸為 **頻率** 的圖

過去一個月的蛋糕銷售

該銷售數量的天數（天）

0　1　2　3　4　5 → 銷售數量（個）

分組 　將資料依照一定範圍區分的各個區間

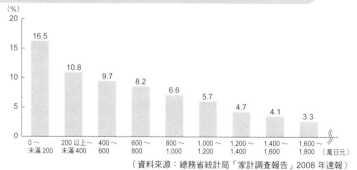

家庭儲蓄額階級分布（二人以上的家庭）

(%)

20		
15	16.5	
10	10.8　9.7	
5	8.2　6.6　5.7　4.7　4.1　3.3	
0		

0～
未滿 200

200 以上～
未滿 400

400～
600

600～
800

800～
1,000

1,000～
1,200

1,200～
1,400

1,400～
1,600

1,600～
1,800　（萬日元）

（資料來源：總務省統計局「家計調查報告」2008 年速報）

將數值分組

2-3 統計量

表示樣本、母體的特徵

 直接表現出樣本特徵的樣本統計量

掌握了樣本的出現頻率之後,就可以進一步整理出明確表示樣本性質的數值。這種**整理出的資料特徵數值**統稱為**統計量**。

表示**樣本特徵的數值**,像平均數等,就稱為**基本統計量**,而理解樣本時,也會使用**次序統計量**(order statistics),將**樣本依大小順序排列**後,求得全體最大值、最小值或位於數值大小順序裡中間的中位數等。這些與樣本有關的資訊也稱為**樣本統計量**。

不只用來表示樣本特徵的統計量

統計量這個名詞,廣義來說是表示特徵的量,所以在很多場合都可以使用。舉例來說,在樣本下沉睡的母體,或表示形成母體的機率分配特徵的母數(parameter,參數。見第 70 頁),也是統計量。

不過在現實中看不到的資料,是無法直接計算統計量的,所以只好根據樣本估計,而根據樣本推論母體、母數統計量的數值,就稱為估計量。此外在統計量中,也有代表樣本統計量的統計性質,也就是統計量的統計量,例如檢定使用的**檢定統計量**。

因此統計量這個名詞的含義,會因狀況而不同,是很容易搞混的概念,所以無法完全理解也不要緊。我們只要先記住**說到統計量時,有各種對象、用途**,再同時用具體範例,來看看它和實際的樣本有什麼關係。

表示各種特徵的統計量

統計量　　表示整理離散的資料特徵數值

樣本統計量（與樣本有關的資訊）

基本統計量	次序統計量
表示樣本的**特徵**	表示樣本的**次序**
●平均數等	●中位數等

母體與樣本的關係

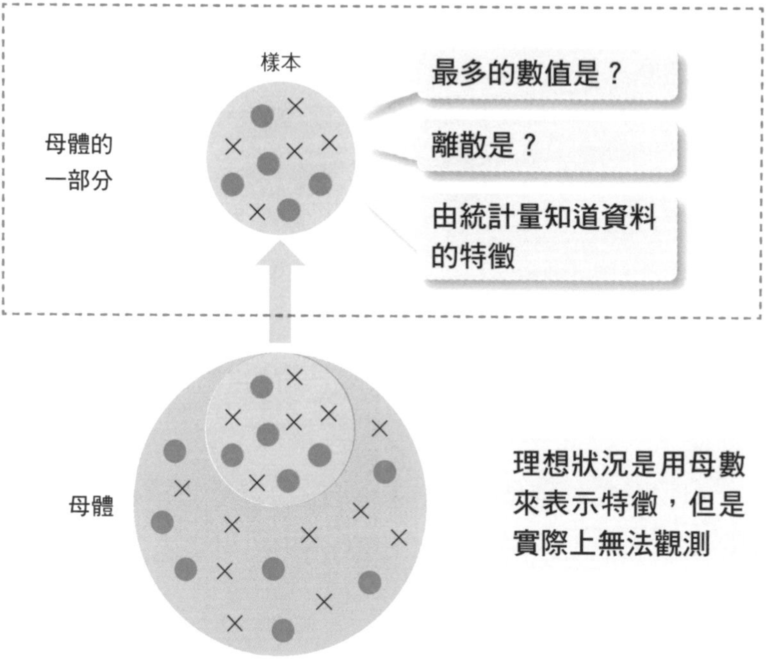

樣本

母體的
一部分

最多的數值是？

離散是？

由統計量知道資料
的特徵

母體

理想狀況是用母數
來表示特徵，但是
實際上無法觀測

平均數

最初做為資料基準的數值

使全體的離散均等的數值就是平均數

在學校拿到考試的結果，你會用什麼做基準，來判斷自己的分數是好還是不好呢？

應該有很多人會以全學年或班級的平均分數為基準，判斷自己的分數是在平均以上或以下，看自己是在哪個水準吧。

判斷考試結果之基準的**平均數**，就是**讓樣本全體的離散均等的數值**。要強調它是由樣本計算而出的平均數時，我們會稱之為**算術平均數**。這是強調離散的樣本中所謂「普通」的重要（基本）統計量之一。

雖然應該很多人都知道它是怎麼算出來的，還是讓我們再確認一下計算平均數的公式吧。因為計算很簡單，所以使用很頻繁。

$$〈平均數〉= \frac{〈樣本值的合計〉}{〈樣本的個數〉}$$

以考試分數為例，一班 5 人的考試分數如右表所示。A～E 的分數為 {60, 59, 62, 58, 61} 時，全班的平均分數為（60 + 59 + 62 + 58 + 61）÷5 = 60 分。

當你想知道「C 的成績是在平均之上還是之下呢？」時，只要比較 C 的分數（62 分）與全班平均分數（60 分）即可。如此即可知道 C 的分數在平均分數之上。

計算簡單且經常使用的平均數

$$\text{平均數}（算術平均數）= \frac{\langle \text{樣本值的合計} \rangle}{\langle \text{樣本的個數} \rangle}$$

計算全班的平均分數

樣本

學生	分數
A	60
B	59
C	62
D	58
E	61

加總所有的考試分數，
再除以學生人數

$$\frac{（60 ＋ 59 ＋ 62 ＋ 58 ＋ 61）}{5}$$

$＝ 60（分）$

全班平均 60 分

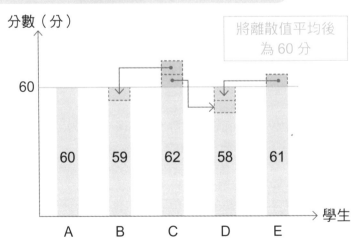

分數（分）

將離散值平均後
為 60 分

60

| 60 | 59 | 62 | 58 | 61 |

學生

A　　B　　C　　D　　E

2-5 中位數（中間值、中數）

按大小排列樣本時位於中間位置的數值

表示資料中間位置的數值

考試後發回考卷時，最關心的應該還是分數（當然，分數是越高越好）。不過如果考試題目很簡單的時候，狀況可能有點不同？

舉例來說，全班平均是 85 分，而自己是 80 分，雖然分數很高，但仍舊低於平均分數，所以應該不會太高興吧。

這裡的重點就是，自己的分數是位在全班的哪個位置。這種時候一般會用來表示普通順序的統計量就是**中位數**。按大小排列樣本時，剛好位於中間位置的數值，也稱為**中間值、中數**或 median。

右頁上圖是依照人名順序排列，我們把它改成以分數為排列基準吧。這麼一來就會變成「58, 59, 60, 61, 62」。位於這五種分數的中間數值，亦即此表中的第三個數值 60 分，就是中位數。

「60」這個數值，看起來是不是很熟悉？沒錯，它也是上一節提到的平均數。像這樣重新排列後，位於中間的數值是 60，中位數與平均數都是 60。

不過中位數並不是永遠等於平均數。舉例來說，假設考試的分數如右頁下圖所示。此時的平均數是（40 ＋ 40 ＋ 45 ＋ 45 ＋ 100）÷5 ＝ 54 分。而中位數則是 45 分。

如果樣本是偶數六個數值時，中位數就是第三個和第四個數值的平均數。

重新排列樣本求出中位數

中位數（中間值）　按大小排列所有資料時位於中間位置的數值

求考試分試的中位數

中位數等於平均數的例子

學生	分數
A	60
B	59
C	62
D	58
E	61

以分數大小重新排列

學生	分數
D	58
B	59
A	60
E	61
C	62

中間位置的數值
（此例為第三個數值）
＝
中位數為「60」
（平均數為 60）

平均數與中位數相同

中位數不等於平均數的例子

學生	分數
A	45
B	40
C	45
D	40
E	100

以分數大小重新排列

學生	分數
B	40
D	40
A	45
C	45
E	100

中間位置的數值
（此例為第三個數值）
＝
中位數為「45」
（平均數為 54）

平均數不等於中位數

眾數

樣本內最容易出現的數值

表示最容易出現的事件

表示普通統計量的第三個是**眾數**。也稱為**密集數**，如字面意義所示，是出現最多次的數值，亦即表示最容易出現的事件。

假設一個班級的考試結果，分數如右頁所示。我們來求出此時的密集數吧。

考試分數為 { 30, 60, 30, 30, 90 }。這五個數值中出現最多次的是「30」。也就是說眾數（密集數）是 30 分。

為了融會貫通，我們也來求出平均數與中位數吧。只要加總所有的樣本數值，再除以樣本個數即可求出平均數。此例則是（30 + 60 + 30 + 30 + 90）÷ 5 = 48 分。

中位數則是位於樣本中間位置的數值。首先我們以分數大小重新排列。如此一來就變成 { 30, 30, 30, 60, 90 }。由於位於中間的數值為 30，中位數就變成 30。

這麼一來，眾數為 30 分，平均數為 48 分，中位數為 30。

要用哪個基準來解釋樣本才好呢？這要視情況而定。因此光靠平均數就想理解資料，可說是非常危險的想法。請先記住表示樣本的「普通」的統計量，至少就有「平均數」「中位數」「眾數」三種。

出現最多次的就是眾數

> **眾數**
> **（密集數）**　　最容易出現的數值

求出考試分數的眾數

學生	分數
A	30
B	60
C	30
D	30
E	90

出現最多
次的數值

分數	分數
30	3
60	1
90	1

眾數是 30 分

以次數彙
整出現最
多次的分
數是 30 分

平均數	（30 + 60 + 30 + 30 + 90）÷5 =	48 分

中位數	（30, 30, 30, 60, 90）	30 分

眾數為 30、平均數為 48、中位數為 30

表示樣本離散程度的樣本變異數

接下來我們把之前談到的「普通」先放一邊，來看看表示資料離散程度的統計量，也就是**變異數**。變異數又分為**樣本變異數**（sample variance）與**不偏變異數**（unbiased variacne），接下來我們要說明的是樣本變異數。

樣本變異數是表示**觀測的樣本與平均數間的差異**，亦即樣本和平均數間的離散程度。有 N 個樣本時，〈樣本變異數〉＝〔（樣本 1 －平均數）^{2}＋（樣本 2 －平均數）^{2}＋…＋（樣本n－平均數）^{2}〕÷ n。

寫成公式時，假設樣本 1 為 x_1，樣本 2 為 x_2…，而樣本平均數為 $\bar{x}$ 的話，就可寫成以下公式：

$$\sum_{i=1}^{n} \frac{(x_i - \bar{x})^2}{n}$$

Σ 這個記號看起來好像很難，其實它只是個方便的記法，將重複出現的加法變得簡潔。慢慢習慣它吧。

距離平均數遠的樣本越多，樣本變異數就越大。舉例來說，｛10, 9, 12, 8, 11, 10｝的樣本，都比較接近平均數時，因為平均數為 10，樣本變異數即為〔（10－10）^{2}＋（9－10）^{2}＋（12－10）^{2}＋（8－10）^{2}＋（11－10）^{2}＋（10－10）^{2}〕÷6≒1.67。

另一方面，如果樣本是｛2, 2, 2, 4, 4, 46｝，即使平均數同樣為 10，但因距離平均數遠的樣本多，樣本變異數即為〔（2－10）^{2}＋（2－10）^{2}＋（2－10）^{2}＋（4－10）^{2}＋（4－10）^{2}＋（46－10）^{2}〕÷6＝260，樣本變異數很大。

了解樣本和平均數有多離散

樣本變異數

$$\frac{\left[(樣本1-樣本平均數\bar{x})^2+\cdots+(樣本n-樣本平均數\bar{x})^2\right]}{n}$$

計算樣本變異數

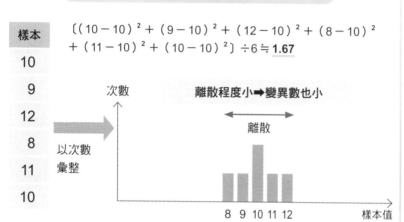

樣本
10
9
12
8
11
10

$$[(10-10)^2+(9-10)^2+(12-10)^2+(8-10)^2+(11-10)^2+(10-10)^2]\div6\fallingdotseq \mathbf{1.67}$$

以次數彙整

次數

離散程度小➡變異數也小

離散

8　9　10　11　12　　樣本值

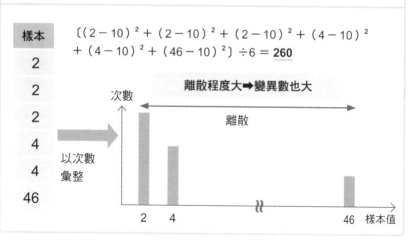

樣本
2
2
2
4
4
46

$$[(2-10)^2+(2-10)^2+(2-10)^2+(4-10)^2+(4-10)^2+(46-10)^2]\div6=\mathbf{260}$$

以次數彙整

次數

離散程度大➡變異數也大

離散

2　4　　　　　　46　樣本值

樣本變異數② 誤差的平方

合計差的平方

變異數為什麼是樣本數值和平均數之差的「平方」

樣本變異數是表示觀測的樣本和平均數間的離散程度。你可能會想：「為什麼要平方？只要加總平均數和樣本間的差不就好了嗎？」

那麼我們就來試著不取平方，直接加總（樣本－平均數）看看吧。（樣本－平均數）有的是正數，有的是負數，直接加總的話，這些正負就互相抵銷，結果變成 0。

這是理所當然的結果。因為平均數原本就是將樣本的差平滑後的結果。

「有多離散呢」？就使用差的平方和

那麼有沒有可以巧妙表示差異大小的方法呢？數學中有一個常用的方法。

那就是每個（樣本－平均數）都取平方，讓它變成大於 0 的數值後，再相加的方法。這麼一來，即使加總也不會互相抵消。

蛋糕銷售的例子中，和平均數間之差的平方為：

$(4, 9, 4, 1)$

把這些平方值相加，就變成：

$4 + 9 + 4 + 1 = 18$

這就是標準變異數的數值。

這個值一定大於等於 0，越離散數值就越大。

樣本變異數就是加總差的平方

> **樣本變異數** 表示與平均數間的離散程度
> ↓
> 表示與平均數的距離

求蛋糕店銷售量的樣本變異數

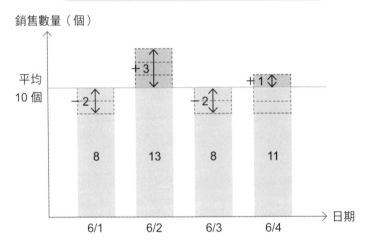

銷售數量（個）

平均
10個

+3

−2

−2

+1

8　　13　　8　　11

6/1　　6/2　　6/3　　6/4　日期

● **只是加總和平均數間的差，會變成「0」，沒有意義**
  直接加總和平均數間的差，會變成：
  $$（-2）+3+（-2）+1=0$$

● **要量測和平均數間的離散程度，就取平方和！**
  平方之後，再加總：
  $$（-2）^2+3^2+（-2）^2+1^2=18$$ ← 標準變異數

> 樣本變異數的和一定大於等於 0，樣本越離散數值越大

由統計量掌握樣本趨勢的訣竅

左右的均衡與尾部的長度

由平均數、中位數、眾數來了解左右的偏向

到目前為止，我們說明了了解樣本時會用到的四個統計量，還有一開始要了解樣本時，最好先畫出直方圖。接下來我們要反向思考，利用四個統計量來學習「想像直方圖無法了解的樣本直方圖的方法」。重點就在於**左右的均衡與尾部的長度**。

有關於判斷直方圖的左右對稱，一般是比較平均數、中位數和眾數三個數值的大小。最簡單的**左右對稱分布，其平均數、中位數和眾數三個數值是相同的**。然而不是左右對稱的分布，其平均數、中位數和眾數三個數值就會有大小差異。**高峰偏左的分布，眾數＜中位數＜平均數，高峰偏右的分布，眾數＞中位數＞平均數**。

此外，雖然也有表示左右偏向的偏態（skewness）統計量，不過實際上很少人使用。

由變異數了解尾部的長度

尾部長度的說法不太常聽到，這是指**樣本距平均數的距離較遠，如果是直方圖，就是指向橫軸方向擴散，樣本較為離散**的意思。因為很多樣本距平均數的距離較遠，所以**尾部較長的樣本，就有越分散的趨勢**。

此外，直方圖的高峰偏一邊，亦即偏向顯著時，也有越分散的趨勢。以前亞馬遜（Amazon）的商品銷售方式被稱為**長尾**（long tail），為人津津樂道，這個「tail」就是中文的「尾部」的意思。

直方圖可以了解的樣本特徵

 樣本特徵 看高峰的位置可以了解樣本的偏向，看尾部的長度可以了解樣本的分散

偏向左右時

高峰偏左

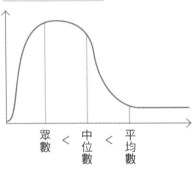

眾數 < 中位數 < 平均數

高峰偏右

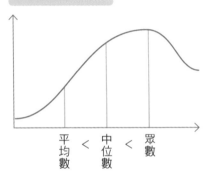

平均數 < 中位數 < 眾數

尾部長度

尾部短

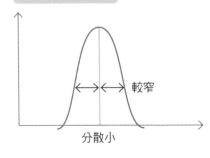

較窄

分散小

尾部長

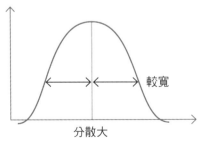

較寬

分散大

母體與母數

隱藏在樣本之下的母體

樣本不過是剛好觀察得到的部分母體

到此讓我們再重新思考一下，統計中的母體到底是什麼？它和樣本有什麼關係？

樣本的英文是 sample。統計以外的世界也常用 sample 這個名詞。舉例來說，負責開發新商品的人，會邊試作稱為 sample 的試作品，邊考量商品設計。此時的 sample 既是試作品，也可以說是將來的量產商品之中，目前剛好看得到的一個商品。商品設計人員看著這個 sample，然後多方試著想像今後應該會量產、但目前還看不到的商品的應有形態。

統計中的 sample 也扮演著同樣的角色。在統計的想法中，樣本就是指在我們看不到的「某資料集合」中，碰巧出現在檯面上的資料。此時擷取出樣本的原始資料集合，就稱為**母體**，而由母體中取出樣本的行為，就稱為**抽樣**（sampling）。

母體的統計量是母數

我們看不到的母體中，有個表示母體特徵、稱為**母數**（parameter）的統計量。代表性的母數如母體平均數、母體變異數，大多數場合各自以 μ（mü）、σ^2（sigma 平方）的記號表示。

然而，我們無法看到母體全體，所以只能由看得到的樣本來推論母數。這種推論值就稱為**估計量**。

由樣本來推估母體

母數 賦予母體特徵的數值

估計量 由樣本推估母數的數值

推估母體

抽樣

母數…顏色或平均重量、形狀等

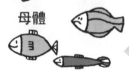

母體

樣本

母體

估計量

由樣本來推估母體

不偏估計量

母數的估計量與樣本敘述統計量的誤差

什麼是不偏？

現在我們知道由樣本推論母數的量，就是**估計量**。然而統計的教科書中，有時候不只寫為估計量，還特別指出是**不偏估計量**。

到底什麼是不偏呢？不偏的相反就是有偏，這裡的有偏是相對於母數的樣本統計量。

為了理解這個統計量，我們來比較一下假設知道母體時之母體變異數，與只知樣本的樣本變異數。舉例來說，只有三個的樣本，應該很難取得和母體一樣多樣化的數值，所以樣本變異數應該小於母體變異數。

和這個例子一樣，統計量會因取樣的方法，例如要用幾個樣本等，而嚴重受到樣本的性質所影響。**不偏估計量就是利用不同的取樣方式，去除來自母體的誤差，再推論母數。**

母數與樣本的偏誤會因統計量而不同

不偏估計量與敘述統計量之所以關係複雜，原因之一就是因為**偏誤的程度會因各統計量（如平均數、變異數）等而不同**。而且其中最具代表性的統計量平均數中，已證明**「樣本平均數」**與**「母體平均數的不偏估計量」一致**。因此就更少去意識到不偏估計量與樣本統計量的不同，因而招致混亂。

另一方面，之前提到的表示離散程度的變異數則會有誤差。誤差大小將在下一節解說。

母體與樣本的關係

 不偏估計量　去除母體與樣本的誤差　估計母數

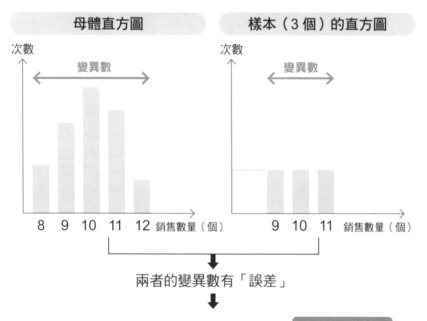

母體直方圖

次數

變異數

8　9　10　11　12　銷售數量（個）

樣本（3個）的直方圖

次數

變異數

9　10　11　銷售數量（個）

兩者的變異數有「誤差」

去除變異數的誤差所估計出的母數＝　　不偏估計量

因統計量不同，母數與樣本間的偏誤會不同

平均數　母體平均數（之估計量）＝樣本平均數

變異數　母體變異數（之估計量）＞樣本變異數

2-12 不偏變異數、標準差

母數的估計量與樣本敘述統計量的誤差

不偏變異數與母體變異數

　　到目前為止出現好多次的**不偏變異數**，係指**用樣本變異數來估計母體變異數（母數之一）**。此外，一般講到「變異數」時，大多是指不偏變異數。

　　當樣本數為 n 個時，不偏變異數如下：

$$<\text{不偏變異數 } \hat{\sigma}^2> = \frac{n}{n-1} \times <\text{樣本變異數} s^2>$$

$$= \frac{\{(\text{樣本 }1-\text{樣本平均數}\bar{x})^2 + \cdots + (\text{樣本 }n-\text{樣本平均數}\bar{x})^2\}}{n-1}$$

　　結果樣本變異數看起來比較小，只是 $\frac{n-1}{n}$ 的**母體變異數（不偏變異數）**。而它的特徵是 n 越大，不偏變異數就會越趨近樣本變異數。

　　另外，想要不算出樣本變異數，直接得到不偏變異數時，只要像求不偏變異數的第二行公式一樣，以 $n-1$ 除誤差平方和即可。

不偏標準差

　　這裡順便提一下本章最後的統計量標準差的計算方法吧。不偏標準差的計算公式如下：

$$\text{不偏標準差} = \sqrt{\text{不偏變異數}}$$

　　在本書其他章節會提到它在統計量以外的使用方法，不過當它做為統計量時，即是變異數開根號，所以也是一種表示離散的量。

不偏變異數與不偏標準差

不偏變異數

$$<不偏變異數 \hat{\sigma}^2> = \frac{\{(樣本1-樣本平均數\bar{x})^2 + \cdots + (樣本\,n-樣本平均數\bar{x})^2\}}{n-1}$$

不偏標準差

$$\sqrt{不偏變異數}$$

蛋糕銷售數量之不偏變異數與標準差

日期	銷售數量（個）
6/1	9
6/2	12
6/3	8
6/4	10
6/5	11
合計	50
平均	10

不偏變異數

因為平均數 = 10，所以

$(9-10)^2 + (12-10)^2 + (8-10)^2$

$+ (10-10)^2 + (11-10)^2 \} \div (5-1)$

$= \{(-1)^2 + 2^2 + (-2)^2 + 12\} \div 4$

$= (1+4+4+1) \div 4 = 10 \div 4 = 2.5$

不偏標準差

$$\sqrt{2.5} \fallingdotseq 1.58$$

不偏變異數為 2.5
不偏標準差為 1.58

我們可以用身邊常見的電腦試算表軟體 Microsoft Excel，簡單求出身邊資料的統計量

根據 20 人一組的 50m 賽跑資料，可利用統計函數求出各種統計量

	20 人份的 50m 賽跑時間資料

	A
1	6.1
2	6.3
3	6.7
4	6.8
5	7.0
6	7.2
7	7.2
8	7.3
9	7.3
10	7.5
11	7.6
12	7.7
13	7.8
14	7.8
15	7.9
16	8.0
17	8.2
18	8.3
19	8.5
20	8.7
21	

1　平均數 AVERAGE（）

引數（argument）的平均值

函數名與公式：= AVERAGE（資料範圍 [※1]）

=AVERAGE(A1:A20)	7.5

2　中位數 MEDIAN（）

引數的中位數

函數名與公式：= MEDIAN（資料範圍 [※1]）

=MEDIAN(A1:A20)	7.6

● 函數就是 ●

Excel 內建的公式。

　= FUNCTION（A1）

像這樣由 "=" 開始，輸入函數名 "FUNCTION"，在 "（）" 內填入如 "A1" 等引數後，就可以計算以引數為材料的目的值

3 　衆數 MODE（ ）

引數中最常出現的值（密集數）

函數名與公式：= MODE（資料範圍 ※1）

=MODE(A1:A20)	7.2

4 　變異數 VARP（ ）

引數的變異數（樣本變異數）

函數名與公式：= VARP（資料範圍 ※1）

=VARP(A1:A20)	0.46

你可以將適當的資料用 VARP 函數與 VAR 函數運算，實際比較樣本變異數與不偏變異數，就更能感受到差異！

5 　不偏變異數 VAR（ ）

根據引數估計之母體變異數（不偏變異數）

函數名與公式：= VAR（資料範圍 ※1）

=VAR(A1:A20)	0.49

6 　標準差 STDEV（ ）

根據引數估計之母體標準差值

函數名與公式：= STDEV（資料範圍 ※1）

=STDEV(A1:A20)	0.70

※1 資料的範圍可以一次選取 "A1：A10"，或是選擇多個儲存格，如 "A1,A2,A3…"。

2章

眾所周知的！統計的便利工具

樣本的偏誤會產生錯誤

　　統計是由母體取出樣本加以分析。此時，取出的樣本資料不能有偏誤。樣本必須足以代表母體全體，所以樣本資料必須由母體隨機取樣。

　　最好的例子就是 1936 年的美國總統大選結果預測。

　　當時的候選人分別是共和黨的阿爾弗雷德·蘭登（Alfred "Alf" Mossman Landon），和民主黨的富蘭克林·羅斯福（Franklin Roosevelt）。《文學文摘》（*Literary Digest*）雜誌針對電話號碼簿與雜誌訂戶，進行問卷調查，預測蘭登會當選總統。不過結果卻相反，羅斯福獲得壓倒性勝利。

　　為什麼會預測不準呢？這是因為取樣有偏誤。根據電話號碼簿取樣是最大的致命傷。因為當時電話尚未全面普及，只有有錢人才裝得起電話。而有錢人原本就比較支持共和黨，因此預測出對蘭登有利的結果。

　　由此可知，取樣的方法會嚴重影響結果。

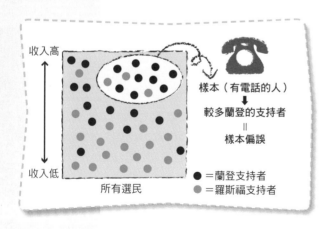

收入高

收入低

所有選民

樣本（有電話的人）
↓
較多蘭登的支持者
＝
樣本偏誤

● ＝蘭登支持者
● ＝羅斯福支持者

統計背後的主角！
機率的基礎

了解機率的第一步① 機率的基礎

請記住這個關鍵字：機率與機率變數

用數值來表現事件容易發生的程度

在說明另一種重要的統計，也就是**推論統計**之前，先來學習機率吧，它是推論統計的基礎。理解機率不可或缺的有「機率、機率變數、試驗、機率分配」，那麼就先來記住這四大名詞的意思吧。

首先第一個基本用語是**機率**。機率就是**以數值表現不一定會發生的某一事件可能發生的程度**。日常生活中也有用機率表現的狀況，例如「打擊率三成的打者」「下雨機率 50%」等。這是指「可能會打出安打，也可能打不出安打」「可能會下雨，也可能不會下雨」，換句話說，就是不一定會發生的事件。對這種不一定會發生的事件，以數值來表現其容易發生的程度，就是機率。

機率最重要的概念，就是**可能發生事件的機率全部加總後會變成 1**（10 成、100%）。如果是打擊率三成的打者，他打出安打的機率是三成，也就是 0.3，那剩下的 0.7 是什麼呢？其實就是打不出安打的機率。如果打者打出安打的機率是 1（10 成），那就是每次鐵定會打出安打的打者。

彙總這種可能發生事件，就是所謂的**機率變數**，這是第二個基本用語。機率變數可以是像骰子的點數 1～6 一樣的整數，也可以像身高一樣是自然數（含小數的連續數），有時也會沒有數字，像是「晴」「陰」等。因此機率變數可說就是彙整可能發生事件的總稱。

理解機率與機率變數

機率

用 0 到 1 表示事件的可能發生程度
例如「打擊率三成的打者」「下雨機率 50%」等

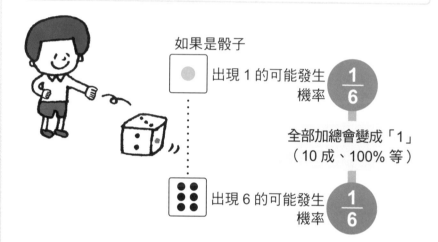

如果是骰子

出現 1 的可能發生機率 $\frac{1}{6}$

全部加總會變成「1」
（10 成、100% 等）

出現 6 的可能發生機率 $\frac{1}{6}$

機率變數

彙整可能發生的事件
例如「骰子的點數」或「天氣（晴、陰）」等

骰子的面「1～6」

這就是
機率變數

了解機率的第一步② 事件與離散程度

請記住這個關鍵字：試驗與機率分配

實際引發一次事件吧

讓我們繼續看一些機率的用語。名詞看起來雖然很難，但要記住的概念不多，再努力一下吧。

第三個基本用語是**試驗**（trial）。舉例來說，就是像擲一次骰子、某人去考一次數學，或是打者站上打擊區一次等。

此時，骰子會出現 1～6 的點數，而打者可能會打出安打。**執行一次行動，將結果變成機率**，這就是試驗。

機率分配＝所有事件發生的離散程度

最後一個基本用語，也就是第四個基本用語是**機率分配**。機率分配就是**對所有可能發生的事件標上各自的發生機率**。換言之，也就是表示事件發生的離散程度。

機率分配寫成 $P(X)$ 等。X 為**機率變數**，如果是擲骰子，就是 $\{1, 2, 3, 4, 5, 6\}$ 的任一數值。「出現 1 點的機率是 $\frac{1}{6}$」，就敘述成：

$$P(X = 1) = \frac{1}{6}$$

或是更簡單的 $P(1) = \frac{1}{6}$。

試驗就是擲一次骰子看看。這個時候的機率分配為 $P(X = 1) = \frac{1}{6}$、$P(X = 2) = \frac{1}{6} \cdots\cdots P(X = 6) = \frac{1}{6}$，列舉出所有可能發生的事件。

理解試驗與機率分配

試驗

執行一次行動，將結果變成機率

擲一次骰子的話…

試驗

（例）考一次數學、打者
　　　站上打擊區一次等

機率分配

以數值表示全部事件的發生機率

骰子點數的出現方式 ＝ 機率分配

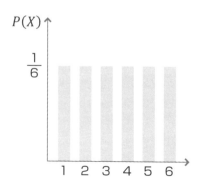

$$P(X) \begin{bmatrix} P(X=1) = \dfrac{1}{6} \\[2mm] P(X=2) = \dfrac{1}{6} \\ \vdots \\ P(X=6) = \dfrac{1}{6} \end{bmatrix}$$

3-3 機率分配與母數

機率分配與統計量

母數就是表示機率分配特徵的參數

理解了機率之後，這裡要再提出一個重要的概念。

在上一章我們有提到，表示觀測的樣本特徵的數值，有**敘述統計量**如平均數等，還有**次序統計量**如眾數等，這些統稱為**統計量**。機率分配也是一樣的，有**表示機率分配特徵的統計量**。這就是母數。

你還記得上一章有提到，隱藏在樣本背後的母體統計量，也叫做母數嗎？相對於母體，母數是指平均數等，也就是樣本所謂的敘述統計量，延伸到母體時，就稱之為母數。

另一方面，機率分配的**母數**，與其說是表示母體的特徵，倒不如把它想成是**決定機率分配形態的數量**。

讓我們來想想骰子如果不是六個面，而是四個面的情形。此時出現 1 點的機率是 $\frac{1}{4}$ 也就是 $\frac{1}{面數}$。在考慮骰子出現的點數時，每一面容易出現的程度，會隨著面數而改變，因此對骰子點數出現的機率分配來說，母數就是面數。

話雖如此，就像現實中我們無法知道母體的真正樣貌一樣，我們也無法知道機率分配真正的母數，也就是參數。因此就要做各種的推論。

之後會經常出現常態分配的平均數 μ（Mü）、變異數 σ^2（Sigma 平方）等母數，請務必牢記。

利用骰子想像母數

機率分配的母數

決定機率分配形態的數量

當你有六個面與四個面的骰子時

一般的骰子有 **6** 個面

機率分配

$$P(X) \begin{cases} \boxed{\;\bullet\;} & P(X=1) = \dfrac{1}{6} \\ \vdots & \\ \boxed{\vcenter{\hbox{⁞⁞⁞}}} & P(X=6) = \dfrac{1}{6} \end{cases}$$

骰子的點數是
控制機率的數量

⬇

骰子的點數就是
母數

如果骰子是 **4** 個面

$$P(X) \begin{cases} \triangle & P(X=1) = \dfrac{1}{4} \\ \vdots & \\ \triangle\!\!\bullet\bullet & P(X=4) = \dfrac{1}{4} \end{cases}$$

3-4 使用機率分配的優點

可以推論不在樣本內的事件

 用機率分配也可以推論未知事件

如同上一節所言，用機率分配和直方圖來表示的兩種頻率分配，都是表現各事件發生的離散程度，意思是相同的。

此外，像是「擲四次銅板時，有三次亦即 75% 的比率會出現正面」等，可以由頻率知道比率。

然而直方圖是針對已發生的事件計算發生的次數，以掌握全體趨勢；另一方面，機率則可以利用機率分配與其母數，來推論未知的事件。

利用已知的知識來假設機率分配

舉例來說，假設擲十次骰子時，出現 6 點的次數為 0。如果只用已發生的事件考慮頻率的話，因為擲十次骰子時，6 點一次也沒出現過，所以即使擲 100 次機率一定也是 0，就會發生這樣的錯誤推論。

不過我們知道骰子有六個點數，最理想的狀況是每個點數出現的比率各為 $\frac{1}{6}$。使用表現 1 到 6 的點數各出現 $\frac{1}{6}$ 的機率分配，就可以預測到目前為止都尚未出現過的樣本，也就是 6 點，在未來出現的比率。

說不定這個骰子還真的只有五個點數。所以使用機率分配時，不只要觀察樣本，也要仔細觀察樣本發生的機制。

推測機率分配

① 可以推論一次也沒發生過的事件
② 可利用已知事件發生的方式推論
（例如骰子的點數等）

擲銅板的例子

4 次的結果
正〇
正〇
正〇
反●
的話…

只考慮頻率的話…

4 次中有 3 次都出現正面，所以正面出現的機率是 0.75，正面比較常出現！

3章

統計背後的主角！ 機率的基礎

以機率考慮的話…

因為銅板的正反面沒有差異，所以本次只是偶然正面出現的比較多次！
出現正面的機率是 0.5，正反面出現的機率大致相同！

> 有事件發生方式的經驗時，就可以使用機率預測還沒有發生過的事件！

擲骰子的例子

10 次的結果
1 點 2 次
2 點 2 次
3 點 2 次
4 點 2 次
5 點 2 次
6 點 0 次
的話…

以機率考慮的話…

根據骰子的形狀來看，本次只是偶然沒有出現 6 點而已！
6 點出現的機率是 $\frac{1}{6}$！

只考慮頻率的話…

6 點一次也沒出現過，所以 1 點到 5 點的出現機率是 $\frac{1}{5}$，6 點出現的機率是 0！

機率分配與期望值、變異數
由機率分配計算期望值、變異數的方法

由機率計算期望值

上一章學到了計算樣本平均數與變異數的方法，機率分配也一樣有**期望值**（expected value）和**變異數**。

我們習慣用希臘文的 μ、σ 來代表這兩個數值。

期望值是將機率變數 X 之可能值 x_i 與其機率 $P(x_i)$：

$$\mu = \sum_{i=1}^{n} x_i P(x_i)$$

全部加起來的數值。計算方法和上一章平均數相同，名稱卻不同，這是因為此數值並非由樣本的頻率計算，而是來自於對理想的機率分配之期望。

$P(x_i)$ 是機率，所以 $\sum_{i=1}^{n} P(x_i) = 1$，也就是全部加起來會等於1。

由機率計算變異數

變異數的計算也和前一章一樣，但用期望值取代平均數：

$$\sigma^2 = \sum_{i=1}^{n} P(x_i)(x_i - \mu)^2$$

然而，為什麼機率在用到這兩個詞的時候，不用在前面加上「樣本」或「不偏」呢？在敘述統計的理論中，已經證明來自樣本的變異數和母體的變異數會有誤差，而修正樣本變異數的誤差之後，推論出的母體變異數就是不偏變異數。機率原本就是以理想的發生狀況做考量，所以不會有誤差。

由機率分配計算期望值、變異數

期望值 $\mu = \displaystyle\sum_{i=1}^{n} x_i P(x_i)$

變異數 $\sigma^2 = \displaystyle\sum_{i=1}^{n} P(x_i)(x_i - \mu)^2$

 骰子點數的期望值與變異數

骰子點數 （機率變數 x_i）	$P(x_i)$	$P(x_i)x_i$	$P(x_i)(x_i - \mu)^2$
$x_1 = 1$	$\dfrac{1}{6}$	$\dfrac{1}{6}$	$\dfrac{1}{6}(1 - 3.5)^2$
$x_2 = 2$	$\dfrac{1}{6}$	$\dfrac{2}{6}$	$\dfrac{1}{6}(2 - 3.5)^2$
$x_3 = 3$	$\dfrac{1}{6}$	$\dfrac{3}{6}$	$\dfrac{1}{6}(3 - 3.5)^2$
$x_4 = 4$	$\dfrac{1}{6}$	$\dfrac{4}{6}$	$\dfrac{1}{6}(4 - 3.5)^2$
$x_5 = 5$	$\dfrac{1}{6}$	$\dfrac{5}{6}$	$\dfrac{1}{6}(5 - 3.5)^2$
$x_6 = 6$	$\dfrac{1}{6}$	$\dfrac{6}{6}$	$\dfrac{1}{6}(6 - 3.5)^2$

計算期望值

$$\mu = \sum_{i=1}^{n} x_i P(x_i) = \frac{1}{6} + \frac{2}{6} + \frac{3}{6} + \frac{4}{6} + \frac{5}{6} + \frac{6}{6} = 3.5$$

3.5 這個
數值，就是
骰子出現點數
的期望值

計算變異數

$$\sigma^2 = \sum_{i=1}^{n} P(x_i)(x_i - \mu)^2 =$$

$$\frac{(1 - 3.5)^2}{6} + \frac{(2 - 3.5)^2}{6} + \frac{(3 - 3.5)^2}{6} + \frac{(4 - 3.5)^2}{6} + \frac{(5 - 3.5)^2}{6} + \frac{(6 - 3.5)^2}{6} = 2.92$$

3-6 常態分配① 代表性的機率分配

常態分配與標準常態分配

統計最常用的機率分配：常態分配

本節開始，會出現本書中數一數二的困難公式。這是非常重要的公式，請大家務必努力記住。

常態分配係指在畫橫軸為機率變數、縱軸為機率的圖（這和直方圖一樣）時，會呈左右對稱的鐘形分配。這個機率分配的基本形，稱為**標準常態分配**，可寫成以下公式：

$$p(x) = \frac{1}{\sqrt{2\pi}} e^{-\frac{x^2}{2}}$$

公式中看起來有很多很難的記號，不過其實 π 就是圓周率（3.1415…），e 就是我們在高中數學學到的「自然對數的底數」（2.718…）。兩者都只是一個數字。如果把 π 簡寫成 3.1，e 簡寫成 2.7 的話，就會變成：

$$p(x) \cong \frac{1}{\sqrt{2 \times 3.1}} 2.7^{-\frac{x^2}{2}} \cong 0.4 \times 2.7^{-\frac{x^2}{2}}$$

試著像右頁圖一樣，把這個公式中的 x 代入不同數值看看，結果 $x = 0$ 的時候 $p(x)$ 最大，距離 0 越遠 $p(x)$ 看起來就會越小。

那麼一般的常態分配呢？當我們使用母數 μ、σ^2，公式就會變成：

$$p(x) = \frac{1}{\sqrt{2\pi\sigma^2}} e^{-\frac{(x-\mu)^2}{2\sigma^2}}$$

標準常態分配就是當公式中 $\mu = 0$、$\sigma^2 = 1$ 時的分配。下一節我們再來看看 μ、σ^2 對機率分配的影響。

標準常態分配 $\quad p(x) = \dfrac{1}{\sqrt{2\pi}} e^{-\frac{x^2}{2}}$

平均為 0、變異數為 1 的標準常態分配

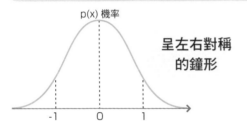

p(x) 機率

呈左右對稱
的鐘形

-1　　0　　1

x	$p(x) \cong 0.4 \times 2.7^{-\frac{x^2}{2}}$
-1	0.24
-0.5	0.35
0	0.40
0.5	0.35
1	0.24

常態分配與標準常態分配的差異

常態分配　$\quad p(x) = \dfrac{1}{\sqrt{2\pi\sigma^2}} e^{-\frac{(x-\mu)^2}{2\sigma^2}}$

標準
常態分配　$\quad p(x) = \dfrac{1}{\sqrt{2\pi \times 1^2}} e^{-\frac{(x-0)^2}{2\cdot 1^2}}$

$\qquad\qquad\quad = \dfrac{1}{\sqrt{2\pi}} e^{-\frac{x^2}{2}}$

常態分配公式中 $\mu = 0$、$\sigma^2 = 1$ 時的分配
就是標準常態分配

常態分配② 常態分配的母數

常態分配的 μ 與 σ

 μ 決定常態分配曲線山峰的左右位置

由結論來說，常態分配的母數 μ 與 σ^2 各自決定了山峰的左右位置與狹闊程度。

那麼，首先配合標準常態分配，假設 σ^2 為 1，就會出現以下結果。

$$P(x) = \frac{1}{\sqrt{2\pi}} e^{-\frac{(x-\mu)^2}{2}} \cong \frac{1}{\sqrt{2 \times 3.1}} 2.7^{-\frac{(x-\mu)^2}{2}} \cong 0.4 \times 2.7^{-\frac{(x-\mu)^2}{2}}$$

$P(x)$ 的數值在標準常態分配中，當 $x = 0$ 時最大，不過在這個公式中，當 $x = \mu$ 時，$P(x)$ 的數值最大，x 變得比 μ 大或變得比 μ 小時，$P(x)$ 的數值就會隨之變小。換句話說，**常態分配的母數 μ，決定了山峰的左右位置**。

 σ 決定常態分配曲線山峰的狹闊程度

接著要來考慮 σ，所以假設 $\mu = 0$。

$$P(x) = \frac{1}{\sqrt{2\pi\sigma^2}} e^{-\frac{x^2}{2\sigma^2}} \cong \frac{1}{6.2 \times \sigma} \times 2.7^{-\frac{x^2}{2\sigma^2}} \cong \frac{1}{\sigma} \times 0.4 \times 2.7^{-\frac{x^2}{2\sigma^2}}$$

這個公式當 $x = 0$ 時數值最大，與標準常態分配相同，不過因為前面有一個 $\frac{1}{\sigma}$，所以當 σ 越大時，山峰就會越低。換句話說，如右頁圖所示，**當 σ 越小時山峰就會越高狹，當 σ 越大時山峰就會越低闊**。

最後，請記住常態分配的重要特徵。那就是根據常態分配計算機率變數的期望值與變異數時，**期望值**就是 μ，**變異數**就是 σ^2。

常態分配除了母數相當於期望值與變異數外，在自然現象也很常見，可說是統計機率中最常使用的分配。

決定常態分配形狀的 μ 與 σ

 常態分配的 μ
表示平均數
決定山峰的左右位置

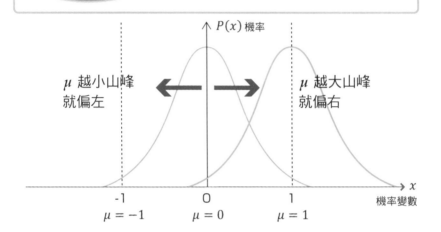

μ 越小山峰
就偏左

μ 越大山峰
就偏右

$P(x)$ 機率

-1
$\mu = -1$

0
$\mu = 0$

1
$\mu = 1$

x
機率變數

常態分配的 σ
表示分布的離散程度
決定山峰的狹闊程度

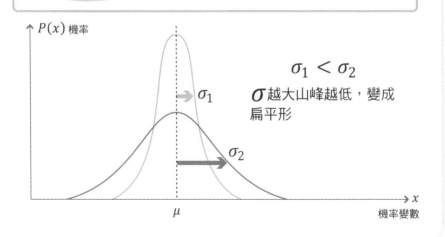

$P(x)$ 機率

σ_1

σ_2

$\sigma_1 < \sigma_2$
σ 越大山峰越低，變成
扁平形

μ

x
機率變數

3-8 常態化、標準化

偏差值的計算方法

改變機率變數的比例尺

前一章提到，不偏變異數開根號就是標準差。不過實務上，標準差是很少出現的量，日本有個使用標準差的例子，那就是學校慣用的模擬考偏差值。

拿到模擬考成績時，會有分數和偏差值，偏差值就是將所有應考人的平均分數與標準差，分別以 50 與 10 作為標準值。

舉例來說，你的模擬考成績是 80 分，所有模擬考應考人的平均分數是 70 分，標準差為 5 時，你的偏差值就是 70。接著我們從公式看看偏差值 70 是如何算出的。

伸縮機率變數，讓平均數為 0、變異數為 1，就稱為常態化。其中使用了平均數與標準差：

〈常態化值〉＝（〈機率變數〉－〈平均數〉）／〈標準差〉

常態化本身也很少見，不過它有助於計算以下要說明的標準化。

標準化係指將機率變數轉換成任意平均數、任意標準差（不限於 0 或 1）。

計算標準化時，使用常態化值，計算方式如下：

〈標準化值〉＝〈常態化值〉×〈標準差〉＋〈平均數〉

本章最後的 Excel 問題中有提到計算你自己的偏差值的方法，有興趣的人可以看一下。

用常態化與標準化計算偏差值

常態化

伸縮機率變數，讓平均數＝ 0，變異數＝ 1

$$\frac{\langle 機率變數 \rangle - \langle 平均數 \rangle}{\langle 標準差 \rangle}$$

標準化

在某值上加入平均數與變異數，伸縮機率變數

$$\langle 常態化值 \rangle \times \langle 標準差 \rangle + \langle 平均數 \rangle$$

計算偏差值

偏差值＝將考試分數標準化成平均 50、標準差 10 的結果

- 考試分數＝ 80 分（機率變數）
- 平均分數＝ 70 分（平均數）
- 標準差　＝ 5

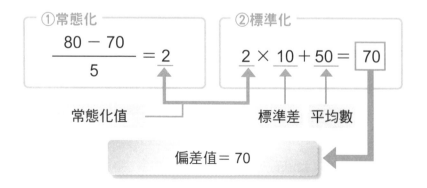

①常態化

$$\frac{80 - 70}{5} = \underline{2}$$

常態化值

②標準化

$$\underline{2} \times \underline{10} + \underline{50} = \boxed{70}$$

標準差　平均數

偏差值＝ 70

大數法則

理想的機率分配與現實的誤差

重複試驗逼近原本的機率分配

這是我們用過很多次的例子，大家想必也有過這樣的經驗，明明銅板正面出現的機率是 50%，卻總是擲出反面，或是擲骰子時，老是擲不出某個點數。

為了讓大家親眼目睹這是怎麼一回事，讓我們來看一下用 Excel 執行標準常態分配（期望值 $\mu = 0$，變異數 $\sigma^2 = 1$）試驗 10 次時（也就是產生 10 個樣本時），與試驗 100 次時的樣本直方圖吧。

右頁圖最上方是試驗 10 次，中間是試驗 100 次，最下方是標準常態分配的函數 $P(x)$ 的圖。

資料的母體函數為常態分配，所以理想圖形應該呈鐘形，且山峰落在母體平均數 0 的地方。不過資料只有 10 個時的圖形卻七零八落的。蒐集 100 個資料後才稍微有點像鐘形。

就像這個例子，**執行越多次試驗，各個事件的發生機率就會越接近某一定數值**，這就稱為**大數法則**（law of large number）。順帶一提，上個例子中的一定數值，就是指標準常態分配的函數 $P(x)$。

聽說某著名日本國立大學的理學院，曾有一堂實驗課，將學生分成三人一組，請學生擲一整天骰子並記錄結果。

這堂課的宗旨應該是希望學生能親身體驗到大數法則，雖然三個人當中可以輪流有一個人休息，不過擲一整天的骰子，據說非常累人呢。

試驗次數越多，就越能逼近母體機率

大數法則 試驗次數越多，
就越能逼近母體的機率分配

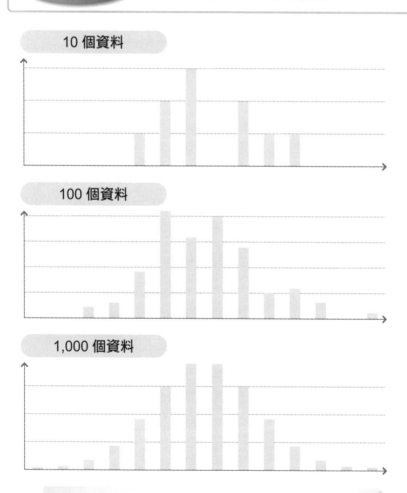

10 個資料

100 個資料

1,000 個資料

樣本越多，畫出來的直方圖就越逼近
原本的常態分配

3-10 中央極限定理與常態分配

樣本平均與常態分配的關係

什麼是中央極限定理

接下來為大家介紹極為重要的**中央極限定理**（central limit theorem），「不論母體是哪種分配，其樣本平均數皆呈常態分配」。

讓我們用具體的例子來理解這個定理。舉例來說，擲骰子的母體，亦即會出現的點數是由 1 點到 6 點，每種點數出現的機率是 1/6。

像擲骰子一樣，所有機率變數都有相同的機率分配，就稱為均勻分配。換言之，擲骰子的母體呈均勻分配。

接著我們來思考一下從這樣的母體中，重複抽出數個樣本並計算樣本平均數。

右頁圖為擲 1 次、10 次、100 次骰子，三種方式分別重複 100 回之後，樣本平均數的分配。而擲骰子也就相當於抽樣。

由圖中可以發現，隨著擲骰子的次數增加（抽出越多樣本），樣本平均數的分配就越逼近常態分配，圖形的山峰也越來越朝向擲骰子的期望值（母體平均數）集中。

不只擲骰子，只要樣本蒐集得越多，樣本平均數的分配就越會逼近常態分配，且其峰值會越來越朝向母體平均數集中，這就是中央極限定理的概念。

在許多情形下都看得到常態分配，可能就是因為中央極限定理的作用吧。

樣本平均數為常態分配

中央極限定理 不論母體是哪種分配,其樣本平均數皆呈常態分配

擲骰子時的中央極限定理

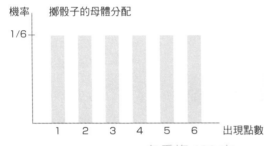

機率

擲骰子的母體分配

1/6

1 2 3 4 5 6 出現點數

擲骰子的期望值(母體平均數)為 3.5
(請參閱 74 頁)

各重複 100 次

| 擲 1 次骰子 計算樣本平均數 | 擲 10 次骰子 計算樣本平均數 | 擲 100 次骰子 計算樣本平均數 |

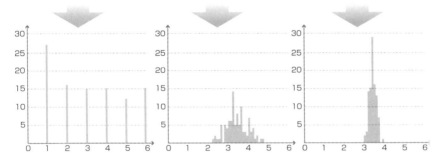

- ●擲骰子次數越多(樣本蒐集得越多)就越逼近常態分配
- ●峰值越來越朝向真正的平均數 3.5 集中

中央極限定理

3-11 樣本與統計量的分配

常態分配、t 分配、x^2 分配

常態分配（樣本平均數的分配）

這一節來學習一下樣本平均數與樣本變異數會如何分配吧。

根據前一節提到的中央極限定理，由某個母體計算的樣本平均數，可說是**常態分配**。要用樣本平均數來預測母體平均數時，會利用常態分配。

t 分配（樣本平均數的分配）

樣本數少的時候的樣本平均數分配，變異數會比常態分配大。t **分配**就是當樣本數少的時候，用來替代常態分配的機率分配（隨著樣本數增加，會逼近常態分配）。

由樣本平均數來預測母體平均數時，也利用這個分配。其特徵就是分配的形狀，會因**自由度**（degrees of freedom）而改變。

自由度由樣本數決定，扮演著調整分配形狀的角色，本書並不打算深入探討（有關樣本數與自由度的詳細內容，請參閱文末的參考文獻）。

x^2 分配（樣本變異數的分配）

x^2 **分配**就是**卡方分配**（chi-squared distribution）。這是由樣本計算變異數的分配，用在以樣本變異數來預測母體變異數時。這個分配也會因自由度而改變分配的形狀。

t 分配、x^2 分配和自由度的關係

> ### t 分配
> 樣本數少時用來替代常態分配的分配

自由度＝1 　　　　自由度＝3 　　　　自由度＝∞（正規分配）

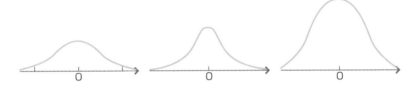

> 樣本數（自由度）越大，就越接近常態分配

> ### x^2 分配
> 由樣本計算變異數的分配

自由度＝1 　　　　自由度＝4 　　　　自由度＝8

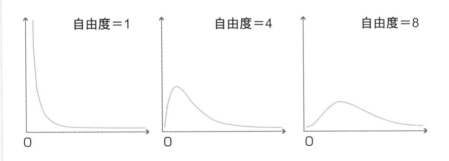

> ### 自由度
> 自由度由樣本數決定
> 扮演著調節分配形狀的角色

3-12 各種機率分配

周遭常見的機率分配

用機率來表現各式各樣的事件

到這裡我們根據常態分配，介紹了機率分配的基礎知識。常態分配就是常用來計算考試（模擬考）偏差值等的分配。

此外，它也是直覺上比較容易了解的分配形狀，因為顯示機率分配特徵的參數 μ，和 σ^2 的期望值與變異數一致。

學了機率，就會很想試著用機率去表現各種事件。除了骰子出現點數的機率，或是擲許多次銅板時正面會出現幾次的機率之外，接著我們還要簡單介紹一些在日常生活或工作中，比較常見的機率分配。

再者，我們也會介紹一些不是那麼常見，但在第 5 章的「檢定」中會用到的機率分配。

首先要介紹的是，實際上在我們身邊比較可能看到的**二項分配**（binomial probability distribution），也就是顯示擲幾次銅板時，出現正面或反面的次數的分配，以及也常用於系統故障率模型中的 Poisson **分配**。

再者，還要說明統計理論的兩種重要分配，亦即第 5 章的檢定等使用的 t **分配**與 x^2 **分配（卡方分配）**。

由二項分配到 Poisson 分配，是蒐集了常見的分配與有趣的分配，而 t 分配與 x^2 分配則是要理解第 5 章檢定時的必要知識。

說明時會出現看起來很複雜的公式，請務必記得機率分配的形狀與母數。

各式各樣的機率分配

機率分配的例子

● 常態分配

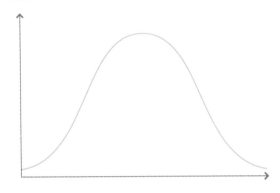

高斯（Carolus Fridericus Gauss, 1777-1855）

集中在中央，離中央越遠越分散

● Poisson 分配

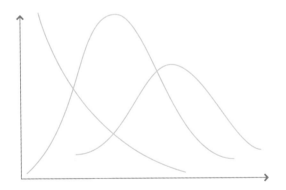

帕松（Siméon Denis Poisson, 1781-1840）

偶發性社會現象的分配

3-13 二項分配

銅板正反面的機率分配

擲很多次銅板時的機率分配

二項分配是針對擲幾次銅板時出現正面次數的分配。如果做成直方圖模式，橫軸就是出現正面的次數，縱軸則代表容易出現的程度。在二項分配中，擲 n 次銅板出現 k 次正面的機率，如果以試驗 1 次時，出現銅板正面的機率為 p 的話，就會變成如下公式：

$$P(k) =_n C_k \times p^k \times (1-p)^{n-k} \quad （p為 0 以上 1 以下）$$

這裡的 $_n C_k$ 是指由 n 個中選出 k 個組合的意思。

$$_n C_k = \frac{n!}{k!\,(n-k!)} = \frac{n \times (n-1) \times \cdots \times 1}{[k \times (k-1) \times \cdots 1]\,\{(n-k) \times [n-(k-1)] \times \cdots 1\}}$$

可能有人會說，剛剛是用 $P(x)$，這裡為什麼用 k？傳統上當機率變數一定是整數（0, 1, 2, 3……）時，我們習慣用 k，如果也可能是小數、分數等時，就習慣用 x。

看一下二項分配的公式，就可以知道二項分配的機率分配，是由出現銅板正面的機率 p，與擲銅板的次數 n 決定的。實際上這個分配的期望值為 np，變異數為 $np(1-p)$。

如果像 3－9 節後半段一樣計算，就可以算出這個數值，不過這個計算比 3－9 節更難，所以這裡就不提了。

順帶一提的是，說明二項分配時，一定會聽到**伯努利試驗**（Bernoulli trial）這個詞。這是指只擲一次銅板時出現正面的機率。

用二項分配表示擲銅板的分配

二項分配 擲 n 次銅板時，出現 k 次正面的機率

$$P(k) =_n C_k \times p^k \times (1-p)^{n-k}$$ （ p 為 0 以上 1 以下）

用二項分配來表示擲銅板

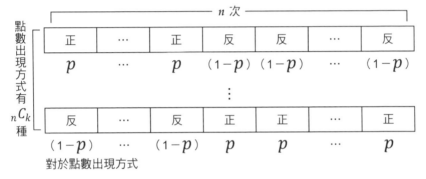

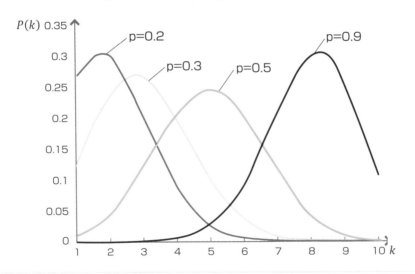

3-14 Poisson 分配

表示故障率與意外率的分配

隨機發生的事件之發生頻率

Poisson 分配是在資訊工程等屢屢會出現的機率分配，如故障率或等待隊伍等。這個分配有點難，用不到的人可以跳過這一節不看。

Poisson 分配是指一個事件雖然是隨機發生，但當知每單位時間（一小時、一天等）平均會發生 μ 次時，表示該單位時間內發生幾次的機率分配，公式如下：

$$P(k) = \frac{\mu^k}{k!} e^{-\mu}$$

此時 k 是指單位時間內發生的次數。

因每單位時間平均發生 μ 次，所以這個母體平均數就是 μ。再者，Poisson 分配最大的特徵即母體變異數也是 μ。

舉例來說，假設汽車零件工廠已知彈簧零件每一小時平均會斷 5 個。不過，彈簧斷裂的問題是隨機發生的，並不是實際觀察一小時每次就會有 5 個斷裂。換句話說，一小時內斷的彈簧也有是 1 個的機率、2 個的機率……，都是可能的分配。

Poisson 分配的一個應用實例，是在資訊工程領域中，用來求出系統的信賴度等。故障率合於上述公式之 Poisson 分配時，如果系統的信賴度是 R，使用時間是 t，就是 $R = e^{-\mu t}$。有興趣的人可以去查查看。

表示很少發生的現象之 Poisson 分配

Poisson 分配 表示很少發生（機率 P 很小）的現象之機率分配

$$P(k) = \frac{\mu^k}{k!} e^{-\mu}$$

用 Poisson 分配表示彈簧壞掉的發生方式

每一小時斷 4 個的機率是？

每一小時平均斷 5 個彈簧

$\mu = 5$ 時	0.18（18%）
$\mu = 2$ 時	0.09（9%）
$\mu = 10$ 時	0.02（2%）

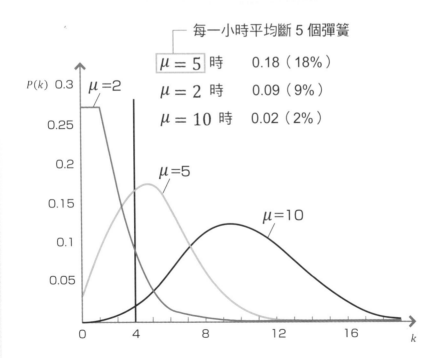

用 Excel 將學校的考試成績做成樣本資料，求出偏差值

1 做成合於常態分配的樣本資料

利用以下兩個函數模擬做出平均 60 分、標準差 5 的 1,000 名學生的考試成績資料

= RAND （）

產生 0 以上 1 以下較小實數的亂數
（無引數）

= NORMINV （機率、平均數、標準差）

傳回指定之平均數和標準差的常態累積分配函數之反函數

1,000 人份的考試分數（平均 60 分，標準差 5）

▲	A	B
1	=NORMINV(RAND(),60,5)	69
2	=NORMINV(RAND(),60,5)	56
3	=NORMINV(RAND(),60,5)	60
4	=NORMINV(RAND(),60,5)	58
5	=NORMINV(RAND(),60,5)	57
6	=NORMINV(RAND(),60,5)	63
7	=NORMINV(RAND(),60,5)	57
8	=NORMINV(RAND(),60,5)	62
9	=NORMINV(RAND(),60,5)	57
10	=NORMINV(RAND(),60,5)	62
11	=NORMINV(RAND(),60,5)	50
12	=NORMINV(RAND(),60,5)	56
13	=NORMINV(RAND(),60,5)	65
14	=NORMINV(RAND(),60,5)	65
15	=NORMINV(RAND(),60,5)	56
16	=NORMINV(RAND(),60,5)	62
17	=NORMINV(RAND(),60,5)	65
18	=NORMINV(RAND(),60,5)	66
19	=NORMINV(RAND(),60,5)	55
20	=NORMINV(RAND(),60,5)	64
21	=NORMINV(RAND(),60,5)	68
22	=NORMINV(RAND(),60,5)	63
23	=NORMINV(RAND(),60,5)	64
24	=NORMINV(RAND(),60,5)	61
25	=NORMINV(RAND(),60,5)	64
26	=NORMINV(RAND(),60,5)	71
27	=NORMINV(RAND(),60,5)	53
28	=NORMINV(RAND(),60,5)	63
29	=NORMINV(RAND(),60,5)	56
30	=NORMINV(RAND(),60,5)	73
31	=NORMINV(RAND(),60,5)	64
32	=NORMINV(RAND(),60,5)	60
33	=NORMINV(RAND(),60,5)	59
34	=NORMINV(RAND(),60,5)	67
35	=NORMINV(RAND(),60,5)	60
36	=NORMINV(RAND(),60,5)	59
37	=NORMINV(RAND(),60,5)	61
38	=NORMINV(RAND(),60,5)	64
39	=NORMINV(RAND(),60,5)	60
40	=NORMINV(RAND(),60,5)	58
41	=NORMINV(RAND(),60,5)	56
	,60,5)	55
993	=NORMINV(	
994	=NORMINV(RAND(),60,5)	
995	=NORMINV(RAND(),60,5)	65
996	=NORMINV(RAND(),60,5)	69
997	=NORMINV(RAND(),60,5)	54
998	=NORMINV(RAND(),60,5)	62
999	=NORMINV(RAND(),60,5)	55
1000	=NORMINV(RAND(),60,5)	57

列出使用 RAND（）函數隨機選出的資料

※ 只要再次計算 RAND（）函數，就會再傳回新的亂數

※ A、B 兩行所得的數值相同，但 A 行顯示的是公式。

如果是連續資料，可以用自動填滿功能，輕鬆愉快

把 B 行的值繪成圖

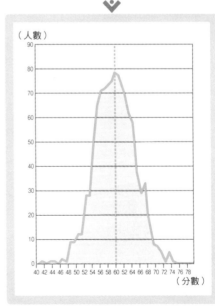

（人數）

（分數）

2 將考試資料常態化

將 1,000 人的樣本資料常態化

● 求平均數

| =AVERAGE(B1:B1000) | 60 |

● 求標準差

| =STDEV(B1:B1000) | 5 |

因為是用平均數 60、標準差 5 產生的樣本資料，
當然會算出相同的平均數與標準差！

| 分數 | 常態化公式 | | 常態化值 |

◢	B	C	D
1	69	=STANDARDIZE(A1,60,5)	1.71
2	56	=STANDARDIZE(A2,60,5)	-0.81
3	60	=STANDARDIZE(A3,60,5)	-0.06
4	58	=STANDARDIZE(A4,60,5)	-0.31
5	57	=STANDARDIZE(A5,60,5)	-0.67
6	63	=STANDARDIZE(A6,60,5)	0.54
7	57	=STANDARDIZE(A7,60,5)	-0.53
8	62	=STANDARDIZE(A8,60,5)	0.49
9	57	=STANDARDIZE(A9,60,5)	-0.69
10	62	=STANDARDIZE(A10,60,5)	0.33
11	50	=STANDARDIZE(A11,60,5)	-1.95
12	56	=STANDARDIZE(A12,60,5)	-0.81
13	65	=STANDARDIZE(A13,60,5)	0.91
14	65	=STANDARDIZE(A14,60,5)	1.01
15	56	=STANDARDIZE(A15,60,5)	-0.89
16	62	=STANDARDIZE(A16,60,5)	0.49
17	65	=STANDARDIZE(A17,60,5)	1.06
18	66	=STANDARDIZE(A18,60,5)	1.19
19	55	=STANDARDIZE(A19,60,5)	-0.96
20	64	=STANDARDIZE(A20,60,5)	0.77
21	68	=STANDARDIZE(A21,60,5)	1.54
22	63	=STANDARDIZE(A22,60,5)	0.56
23	64	=STANDARDIZE(A23,60,5)	0.75
24	61	=STANDARDIZE(A24,60,5)	0.11
25	64	=STANDARDIZE(A25,60,5)	0.79
		=STANDARDIZE(A26,60,5)	2.16
		...(A...,60,5)	-1.36
	55	=STAND...	
989	60	=STANDARDIZE...	
990	46	=STANDARDIZE(A990,60,5)	-2.79
991	62	=STANDARDIZE(A991,60,5)	0.38
992	70	=STANDARDIZE(A992,60,5)	1.98
993	59	=STANDARDIZE(A993,60,5)	-0.18
994	64	=STANDARDIZE(A994,60,5)	0.82
995	65	=STANDARDIZE(A995,60,5)	1.00
996	69	=STANDARDIZE(A996,60,5)	1.71
997	54	=STANDARDIZE(A997,60,5)	-1.20
998	62	=STANDARDIZE(A998,60,5)	0.35
999	55	=STANDARDIZE(A999,60,5)	-0.94
1000	57	=STANDARDIZE(A1000,60,5	-0.52

= STANDARDIZE
（X、平均數、標準差）

用平均數與標準差所決定的分配
為對象，將 x 的值常態化
※ C、D 兩行所得的數值相同，但 C
行顯示的是公式。

● 什麼是常態化 ●

用以下公式調整成平均數為 0，
標準差為 1

$$\frac{x - \text{平均數}}{\text{標準差}}$$

（請參閱 80 頁）

3 求出偏差值

用各考試分數常態化後的數值求出偏差值

● 將數值標準化

標準化的操作和常態化的操作相反

$$\frac{(x - 平均數)}{標準差}$$

—— 常態化 ——

$$x \times 標準差 + 平均數$$

—— 標準化 ——

3章

統計背後的主角！機率的基礎

常態化值　　偏差值公式　　偏差值

▲	D	E	F
1	1.71	=D1*10+50	67.07
2	-0.81	=D2*10+50	41.92
3	-0.06	=D3*10+50	49.41
4	-0.31	=D4*10+50	46.94
5	-0.67	=D5*10+50	43.30
6	0.54	=D6*10+50	55.40
7	-0.53	=D7*10+50	44.73
8	0.49	=D8*10+50	54.93
9	-0.69	=D9*10+50	43.07
10	0.33	=D10*10+50	53.33
11	-1.95	=D11*10+50	30.53
12	-0.81	=D12*10+50	41.95
13	0.91	=D13*10+50	59.09
14	1.01	=D14*10+50	60.13
15	-0.89	=D15*10+50	41.12
16	0.49	=D16*10+50	54.90
17	1.06	=D17*10+50	60.63
18	1.19	=D18*10+50	61.86
19	-0.96	=D19*10+50	40.41
20	0.77	=D20*10+50	57.71
21	1.54	=D21*10+50	65.38
22	0.56	=D22*10+50	55.61
23	0.75	=D23*10+50	57.53
		=D24*10+50	51.14
			57.80

990	-2.79	=D990	
991	0.38	=D991*10+50	53.79
992	1.98	=D992*10+50	69.80
993	-0.18	=D993*10+50	48.19
994	0.82	=D994*10+50	58.16
995	1.00	=D995*10+50	59.99
996	1.71	=D996*10+50	67.06
997	-1.20	=D997*10+50	38.03
998	0.35	=D998*10+50	53.49
999	-0.94	=D999*10+50	40.64
1000	-0.52	=D1000*10+50	44.83

大家熟悉的偏差值

偏差值 50 ⇒ 平均分數

※ E、F 兩行所得的數值相同，但 C 行顯示的是公式。

● 什麼是偏差值 ●

標準化成平均數 50、標準差 10 的數值

4 實際體會大數法則

改變樣本數後繪圖看看，可以實際體會到大數法則

● 100 個樣本的圖形

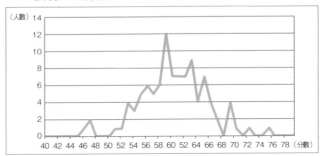

● 1,000 個樣本的圖形

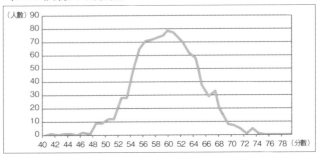

● 10,000 個樣本的圖形

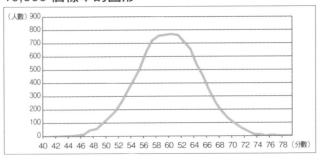

樣本數越多圖形就越平滑！

什麼是累積分配函數

分配函數的累積，換言之就像下圖一樣，常態分配等機率分配函數縱軸的機率加總後的函數

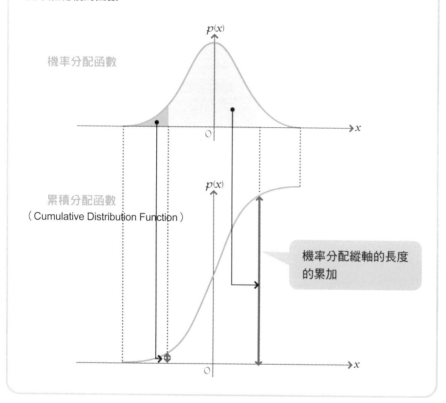

機率分配函數

$p(x)$

累積分配函數
（Cumulative Distribution Function）

$p(x)$

機率分配縱軸的長度的累加

什麼是反函數

函數是有 x 就可以求出 y；反函數與函數相反，有 y 就可以求出 x

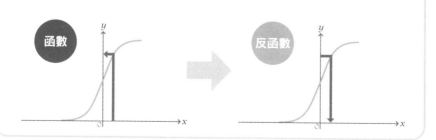

函數

反函數

少數有錢人拉高了平均值

日本調查結果顯示，每一家庭（2人以上）所持有的金融資產金額，平均為「1,152萬日元」（金融廣報中央委員會「家計的金融行動相關民調」，2008年）。不過你是不是覺得1,152萬日元太高了一點？

其實這是有玄機的。要計算平均數最常見的做法，就是把所有金額加總之後，再除以家庭數。那麼，我們用稍微極端一點的例子來想一下。

舉例來說，某村莊有10戶家庭，假設其中一戶家庭有1億日元的金融資產，另外9戶家庭各擁有10日元的金融資產。金融資產的合計是（1億日元×1個家庭）+（10日元×9個家庭）=1億90日元。只要用這個數值除以家庭數10，就可以求出金融資產的平均數，亦即1億90日元÷10 = 1,000萬9日元。變成每一個家庭實際上有1,000萬日元以上的金融資產。

剛剛提到的金融資產1,152萬日元，也是這樣算出來的。

換言之，少數有錢人的存在，大幅拉高了平均值。如果沒有特別注解，平均數都是這樣算出來的，所以參考時要小心。

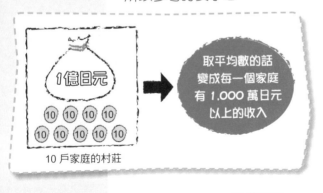

1億日元

10 10 10 10
10 10 10 10 10

10戶家庭的村莊

取平均數的話變成每一個家庭有1,000萬日元以上的收入

利用線索，進行推理，找出真相！
估計

4-1 估計

估計就是推測母體的性質

點估計是用一個數值預測

前一章我們學習了根據樣本求出平均數與變異數的方法。現在我們假設要調查日本男性身高的母體平均數的情形，一起複習一下吧。

假設我們量了幾個人的身高，計算樣本平均數，得到 170cm 的結果。這個樣本平均數 170cm 的數值，只是母體平均數的預測值，不能就此斷言「日本男性身高的母體平均數為 170cm」。這時只能說，「日本男性身高的母體平均數是 170cm 左右」。這種用一個數值來預測母數的手法，就稱為**點估計**。

區間估計可知預測的信賴度

利用點估計，我們可以說「日本男性身高的母體平均數是 170cm 左右」。不過，日本男性身高的母體平均數是 170cm 的機率有多少呢，這裡並未說明。換句話說，如果可以知道預測的信賴度就很方便了。

為了因應這種期望，有一種手法是用範圍和信賴度來預測母數，「母數 x 有○○ % 的機率是在△△到□□之間」。

這種和點估計不同，用母數的範圍預測的手法，稱為**區間估計**。我們可以用包含信賴度在內的範圍做預測，例如「日本男性身高的平均數有 95% 的機率是在 162cm 到 178cm 之間」等。區間估計是非常重要的觀念，之後要學的檢定也常用到，請確實學會。

兩種估計方法

估計　由樣本來推測母體的性質

點估計　用一個數值來預測母數

樣本

男性身高

平均數為 170cm

日本人男性身高的母體平均
數是 **170cm** 左右
（一個數值）

區間估計　包含信賴度在內的母數預測

178cm

162cm

日本男性身高的平均數
有 95% 的機率是在
162 ～ 178cm 之間

和點估計不同，是用範圍和信賴度來預測

信賴係數與信賴區間

最常用的是 95% 或 99% 的信賴係數

什麼是信賴區間

前一節有提到，使用區間估計可以預測如「日本男性的平均身高有 95% 的機率是在 162cm 到 178cm 之間」等。像「95%的機率」這種預測的信賴度，我們稱為**信賴係數**（信賴水準 confidence coefficient）。

預測準確的機率有 95%，另一個意思就是有 5% 的機率會預測不準。這個預測不準的機率就稱為**顯著水準**（significance level）。像「162cm 到 178cm」這種母體平均數等母數存在範圍，就稱為**信賴區間**（confidence interval）。而信賴區間兩端點的值，即稱為**信賴界限**（confidence limit）。在本例中信賴界限就是 162cm 和 178cm。這些用語很常用到，請努力記住。

信賴係數與信賴區間的取捨關係

統計上一般常用 95% 或 99% 的信賴係數。信賴係數設得越高，信賴區間就越大，要縮小信賴區間，信賴係數就會變低，兩者之間有取捨關係（trade-off）。

舉例來說，「你現在有煩惱」這樣的占卜，幾乎對所有人來說都很準，內容卻很抽象，其實沒什麼用。相反地，「你明年會結婚」這樣的占卜，很具體有用，但是預測不準的可能性卻變高了。

信賴係數與信賴區間就有這樣的關係。所以必須視問題來考慮是要以「縮小預測範圍」，還是以「不希望預測不準」為優先，再決定合適的信賴係數。

信賴係數與信賴區間

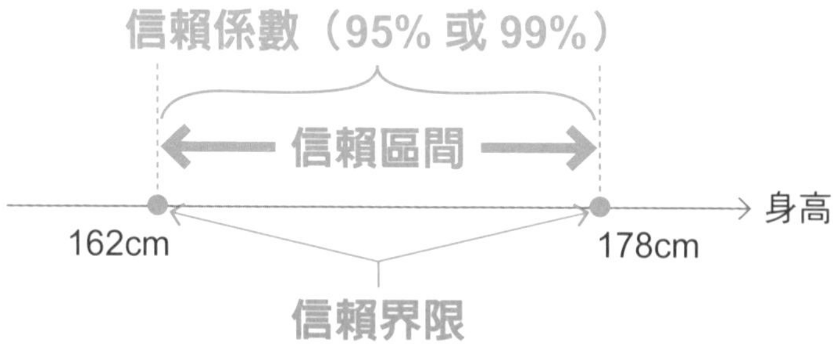

信賴係數（95% 或 99%）

信賴區間

162cm → 身高 ← 178cm

信賴界限

信賴係數與信賴區間的關係

95% 的信賴係數

預測不準的危險性是 5%

↕

縮小預測的範圍
（信賴區間變小）

你明年會結婚

算命仙

信賴區間狹窄（很具體）
但是可能會不準

99% 的信賴係數

預測不準的危險性是 1%

↕

預測的範圍很廣
（信賴區間變大）

你現在有煩惱

算命仙

信賴區間很廣（很抽象）
幾乎對每個人都準

信賴係數與信賴區間有取捨的關係

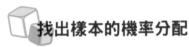

常態分配之母體平均數估計①

找出樣本的機率分配

找出樣本的機率分配

　　某家蛋糕工廠將生產機械設定為一個蛋糕 60g。品質檢查時的項目之一，就是檢查成品蛋糕的重量是否在 60g 左右的範圍內。

　　我們把這個項目，當成是用 95% 的信賴水準以區間估計蛋糕重量的問題。此時我們可以想成取樣蛋糕的重量是以 60g 為中心，而向左或向右產生誤差的機率大約相同。所以可以假設蛋糕的重量是呈現常態分配。

樣本平均數分配之標準化轉換 z

　　樣本平均數為 $N(\mu, \sigma^2/n)$ 的常態分配，施以標準化轉換 $z = \dfrac{\bar{x} - \mu}{\sigma/\sqrt{n}}$ 後，z 合於標準常態分配 $N(0, 1)$（用數學方式表現的中央極限定理，就是這樣）。接下來我們來考察一下在這個轉換當中出現的變數。

　　樣本平均數 $\bar{x}$ 與樣本數 n，都可以由樣本算出。母體平均數 μ 是接著要估計的，所以用未知數即可。不過，母體標準差 σ 在題目中既沒提到，也不能由樣本求出。因此，我們用標準差的不偏估計量來取代 σ 看看（當然如果已知母體標準差 σ 的話，就不需要以不偏估計量取代）。結果就可得到右頁圖的標準化轉換。

　　我們來確認一下，所有包含在統計量 z 中的變數，都變成可以由樣本求出。這麼一來，我們就做好由樣本來估計母體的準備了。

區間估計蛋糕重量

問題 為了檢查，用 95% 的信賴係數來區間估計蛋糕重量，確認蛋糕重量是否介於平均 60g 左右的範圍內

蛋糕重量的分配

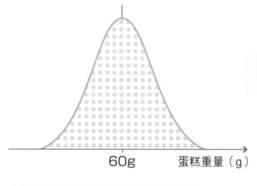

「假設」為平均 60g 的
常態分配

60g　蛋糕重量（g）

樣本平均數的標準化轉換

$$z = \frac{\bar{x} - \mu}{\sigma/\sqrt{n}}$$ 無法由樣本求出，所以用 $\hat{\sigma}$ 取代

$$= \frac{\bar{x} - \mu}{\hat{\sigma}/\sqrt{n}}$$

$$= \frac{\bar{x} - \mu}{\sqrt{n/n-1}\, s/\sqrt{n}}$$

$$= \frac{\bar{x} - \mu}{s/\sqrt{n-1}}$$ ← 轉換成標準化值

μ：**母體平均數**
➡ 我們估計的目標，所以用未知數即可

$\bar{x}$：**樣本平均數**
n：**樣本數** ⎫ 可由樣本求出

σ：**母體標準差** ➡ 無法求出
⬇ 可由樣本求出的不偏標準差

$$\hat{\sigma} = \sqrt{\frac{n}{n-1}}\, s \quad (取代\ \sigma)$$

4-4 常態分配之母體平均數估計②

常態分配表的查法與信賴區間之設定

常態分配表的查法

在第 3 章我們學過，常態分配的函數呈現複雜的形狀，要求出面積得花很多工夫。因此將標準常態分配 N（1, 0）的計算結果彙整為表，這就是常態分配表（載於 217 頁）。

常態分配表的直行為變數 z 取到小數第一位的數值，橫列則表示小數第二位的數值。行與列相交的欄位中的數值，則表示由 0 開始，到行的值與列的值加總後所得到數值為止，這個區間內的面積。舉例來說，行的值 0.5 列的值 0.09，相交的欄位中的數值為 0.2224，所以就代表區間 [0, 0.59] 的面積為 0.2224。而著色部分的面積則對應到機率，所以 z 的值在 0 到 0.59 之間的機率為 0.2224（約 22%）。

求出 95% 信賴區間的方法

接下來，要用 95% 的信賴係數做區間估計，就必須求出該信賴區間。要求出 95% 的信賴區間，就必須求出右頁圖著色面積為 0.95 的區間 [z_1, z_2]。常態分配是左右對稱的形狀，因此一邊的面積如下：

$$0.95 \div 2 = 0.475$$

所以我們就用常態分配表來找出面積是 0.475 的值吧。原來是行 1.9、列 0.06 的相交欄位值。換句話說 z_2 就是 1.96。因為左右對稱，所以 z_1 是 -1.96，根據上述，就可求出 95% 的信賴區間是 [-1.96, 1.96]。

常態分配表的查法

②→

Z	0.00	0.01	0.02	0.03	0.04	0.05	0.06	0.07	0.08	0.09
0.0	0.000	0.0040	0.0120	0.0120	0.0160	0.0199	0.0239	0.0279	0.0319	0.0359
0.4	0.1554	0.1591	0.1628	0.1664	0.1700	0.1736	0.1772	0.1808	0.1884	0.1879
0.5	0.1915	0.1950	0.1985	0.2019	0.2054	0.2088	0.2123	0.2157	0.2190	0.2224

① 要查 0.59 時，先找行的 0.5。
② 接著再找列的 0.09

z 的值在 0 到 0.59 之間的機率為 0.2224（約 22%）

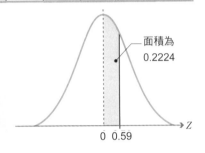

面積為
0.2224

求出 95% 信賴區間的方法

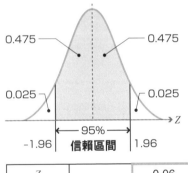

0.475　　0.475

0.025　　0.025

95%
信賴區間
-1.96　　1.96

① 斜線部分面積為 0.95（左右對稱，所以是左右各 0.475）的區間就是 95% 的信賴區間

② 求出表的行與列的值

③ 常態分配是左右對稱的形狀，所以信賴區間左側的值，就是右側的值前方加上負號即可

Z		0.06
		↑②
1.9	←②	0.475 ①

1.96 時的面積為 0.475

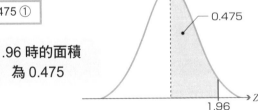

0.475

1.96

常態分配之母體平均數估計③

 設定 95% 的信賴區間

前一節提到常態分配的 95% 區間為 [-1.96, 1.96]。因此變數轉換 $z = \frac{\bar{x} - \mu}{s/\sqrt{n-1}}$ 有 95% 的機率會介於 [-1.96, 1.96] 的範圍內。所以我們可以將它寫成一個不等式如下：

$$-1.96 \leq \frac{\bar{x} - \mu}{s/\sqrt{n-1}} \leq 1.96$$

因為要估計母體平均數 μ，所以用 μ 來整理這個不等式後，就會變成以下公式（公式的推導如右頁）：

$$\bar{x} - \frac{1.96s}{\sqrt{n-1}} \leq \mu \leq \bar{x} + \frac{1.96s}{\sqrt{n-1}}$$

母體平均數 μ 以外的變數值，都可以由樣本求出，至此終於完成區間估計所需的不等式的準備工作。

那麼馬上來抽樣吧。

這裡假設我們抽出 100 個樣本，結果樣本平均數為 59g，樣本標準差為 1.2。將這些數值代入不等式。具體的計算記載在右頁，請自行參考。計算結果可以得到以下不等式：

$$58.8 \leq \mu \leq 59.2$$

換言之，成品蛋糕重量的平均數，「可以預測有 95% 的機率會介於 58.8g 到 59.2g 之間」。

以上就是區間估計的流程。請記住這個流程，先由常態分配表求出信賴區間，再解不等式。

95% 信賴區間的不等式

z 有 95% 的機率會介於 [-1.96, 1.96] 的範圍內

$$-1.96 \leq \frac{\bar{x} - \mu}{s/\sqrt{n-1}} \leq 1.96$$

為了求出 μ 重新
整理公式

⬇ 去分母

$$-1.96\left(s/\sqrt{n-1}\right) \leq \bar{x} - \mu \leq 1.96\left(s/\sqrt{n-1}\right)$$

⬇ 將 $\bar{x}$ 移項

$$-\bar{x} - 1.96\left(s/\sqrt{n-1}\right) \leq -\mu \leq -\bar{x} + 1.96\left(s/\sqrt{n-1}\right)$$

⬇ 去除負數

$$\bar{x} - 1.96\left(s/\sqrt{n-1}\right) \leq \mu \leq \bar{x} + 1.96\left(s/\sqrt{n-1}\right)$$

⬆

代入由樣本求出的 $\bar{x}$（= 59g）、s（= 1.2）

⬇

$$59 - \underline{1.96\left(1.2/\sqrt{100-1}\right)} \leq \mu \leq 59 + \underline{1.96\left(1.2/\sqrt{100-1}\right)}$$

0.24

0.24

$$58.8 \leq \mu \leq 59.2$$

⬇

有 95% 的機率會介於 58.8 ～ 59.2g 之間

常態分配之母體平均數估計④

復習區間估計的步驟

復習區間估計與新問題

　　本節要一邊解決新問題，一邊復習用常態分配進行母體平均數的區間估計。

　　請試著解以下的問題吧。「因為有很多客訴表示 25cm 的鞋子尺寸不對，所以要進入某皮鞋工廠檢查。由 100 個樣本得知平均數為 24.8cm，標準差為 0.6。請估計在 95% 的信賴係數下，皮鞋尺寸的母體平均數」。

復習區間估計的步驟

　　我們使用前一節 95% 信賴區間之母體平均數的不等式：

$$\bar{x} - \frac{1.96s}{\sqrt{n-1}} \leq \mu \leq \bar{x} + \frac{1.96s}{\sqrt{n-1}}$$

　　將樣本平均數 24.8cm、樣本標準差 0.6 代入此不等式。因為我們的目標是母體平均數 μ，整理後可以得到以下不等式（計算記載於右頁）：

$$24.7 \leq \mu \leq 24.9$$

　　如此即完成母體平均數 μ 的區間估計。結果可發現比 25cm 小一點。

　　前一節是說明公式的推導，所以你可能會覺得區間估計很複雜。不過事實上只要單純代入就可以進行區間估計，所以不用太緊張。

估計皮鞋尺寸的母體平均數

檢查皮鞋工廠的問題

用 95% 的信賴係數來估計皮鞋尺寸的母體平均數

- 樣本數 n = 100 個
- 樣本平均數 $\bar{x}$ = 24.8cm
- 標準差 s   = 0.6

估計區間

① 利用前一節的不等式

$$\bar{x} - \frac{1.96s}{\sqrt{n-1}} \leq \mu \leq \bar{x} + \frac{1.96s}{\sqrt{n-1}}$$

② 代入 $\bar{x}$ = 24.8cm、s = 0.6

$$24.8 - \frac{1.96 \times 0.6}{\sqrt{100-1}} \leq \mu \leq 24.8 + \frac{1.96 \times 0.6}{\sqrt{100-1}}$$

.ǁ.   .ǁ.
0.1   0.1

③ 整理公式

$$24.7 \leq \mu \leq 24.9$$

在 95% 的信賴係數下為 24.7 ～ 24.9cm

比 25cm 小一點

4-7 t 分配之母體平均數估計①

導入 t 分配的理由

統計量 z 不是常態分配？

前一節我們假設統計量 $z = \dfrac{\bar{x} - \mu}{s/\sqrt{n-1}}$ 合於標準常態分配，進行了區間估計。不過，統計量 Z 不一定合於常態分配。

樣本數多時（在統計的現場，一般基準是 30 個以上），會逼近常態分配，但樣本數少時，就會大幅偏離常態分配（這個誤差是因為用不偏標準差 $\hat{\sigma}$ 取代母體標準差 σ 所造成），這是已知的事實。

換言之，如果無法蒐集很多樣本時，就不能用常態分配做統計量 Z 的區間估計。無法蒐集許多樣本的原因，可能是樣本本身很貴，或者是測量樣本值有困難等。

舉例來說，「汽車重量」的樣本，要蒐集很多部汽車要花很多錢，要測量汽車重量還必須用專用的磅秤，所以要測量樣本值也很麻煩。

導入 t 分配

如果不合於常態分配，那是什麼分配呢？

其實我們已知統計量 $z = \dfrac{\bar{x} - \mu}{s/\sqrt{n-1}}$ 合於自由度為「樣本數 $-$ 1」的 t 分配。統計量 Z 合於 t 分配，所以我們用 t 做為變數：

$$t = \frac{\bar{x} - \mu}{s/\sqrt{n-1}}$$

樣本數少會怎樣呢？

假設統計量 Z 合於標準常態分配
進行區間估計

$$z = \frac{\bar{x} - \mu}{s/\sqrt{n-1}}$$

然而樣本數少時，會大幅偏離常態分配

樣本數多	➡ 逼近常態分配

樣本數少	➡ <u>不逼近常態分配</u>

**樣本數少時，統計量 Z
合於 t 分配**

難以蒐集樣本的例子

- 汽車重量（必須有特殊的測量器具）
- 哈密瓜的甜度（很貴的哈密瓜不能切開來測量）
- 電池平均耐用時間（要量很久）等

4-8 t 分配之母體平均數估計②

t 分配表的查法

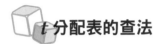

t 分配表的查法

為了使用 t 分配求出信賴區間，我們準備了 t 分配表（載於 218 頁）。不過請注意它的查法和常態分配表不太一樣。

t 分配表的直行代表自由度，橫列代表右頁圖中著色部分的面積。自由度是由樣本的個數所決定的數值，扮演著像調節分配方式的角色。

此外，樣本平均數合於自由度為「樣本數－1」的 t 分配（請參閱第 3 章 84 頁）。行與列相交的欄位，則表示著色部分面積為 a 時的 t 的數值。著色部分面積為 a 時的 t 的數值，也稱為**百分位數**。

求出 95% 信賴區間的方法

以下我們就用 t 分配表，求出統計量 t 的 95% 的信賴區間吧。舉例來說，10 個樣本時要求出 95% 的信賴區間，自由度為 9（樣本數－1），而且是左右對稱，所以是 0.025×2（左右相加為 0.05，也就是 5% 的部分）。9 與 0.05 兩數值的相交欄位，亦即 2.262。可求出 95% 的信賴區間是 $[-2.262, 2.262]$。因此關於統計量 t，可建立以下的不等式：

$$-2.262 \leq \frac{\bar{x} - \mu}{s/\sqrt{n-1}} \leq 2.262$$

只要將這個公式針對母體平均數 μ 重新整理，就可以進行區間估計，和使用常態分配時一樣。

查看 t 分配表

顯著水準為 5%，所以是 a = 0.05，再加上自由度 = 9，相交為 2.262

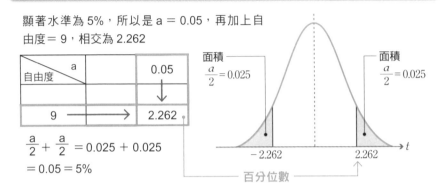

自由度 \ a		0.05
		↓
9 →	→	2.262

$\dfrac{a}{2} + \dfrac{a}{2} = 0.025 + 0.025$

$= 0.05 = 5\%$

面積 $\dfrac{a}{2} = 0.025$　　　　　　面積 $\dfrac{a}{2} = 0.025$

－2.262　　　　2.262　　t

百分位數

求出 95% 的信賴區間

● t 分配表 *a* 的面積為 0.05
● 因為左右對稱，所以左右面積各為 0.025

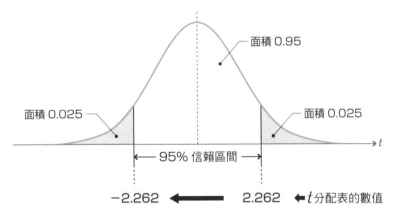

面積 0.95

面積 0.025　　　　　　　　面積 0.025

←—— 95% 信賴區間 ——→

－2.262 ◀——————— 2.262 ◀ t 分配表的數值

t 分配表是左右對稱，所以只要求出一邊，就可以知道另一邊

所以　　$-2.262 \leq \dfrac{\bar{x} - \mu}{s / \sqrt{n-1}} \leq 2.262$

t 分配之母體平均數估計③

使用 *t* 分配實踐區間估計

區間估計的例子

　　某個農園種植高級哈密瓜。為了調查哈密瓜是否熟成，要測量甜度，於是選出 3 個哈密瓜來測量，結果甜度平均 15 度，標準差為 0.2。接下來用 95% 的信賴區間，區間估計整個農園的哈密瓜平均甜度吧。

利用 *t* 分配

　　這次例子的樣本數很少，只有 3 個。要測量哈密瓜這種貴重商品的甜度，必須實際把它切開來採取果汁。這樣做的成本是很高的。

　　在這種情形下要做區間估計，*t* 分配就很有效。我們先用 *t* 分配表求出 95% 的信賴區間吧。

　　本次因為樣本數為 3，所以自由度的直行是 2，因為要求出 95% 的信賴區間，所以橫列是 0.05，相交欄位的 *t* 值可知是 4.303。因此就可以寫出以下不等式：

$$\bar{x} - \frac{4.303s}{\sqrt{n-1}} \leq \mu \leq \bar{x} + \frac{4.303s}{\sqrt{n-1}}$$

代入樣本數、樣本平均數、樣本標準差計算後，

$$14.4 \leq \mu \leq 15.6$$

　　就可以區間估計平均甜度。草莓的甜度據說大約是 12 度左右，所以這個農園種植的哈密瓜相當甜呢。

區間估計哈密瓜的甜度

哈密瓜的甜度

用 95% 的信賴區間估計哈密瓜的平均甜度

- 樣本數 $n = 3$ 個
- 標準差 $S = 0.2$
- 平均 $\bar{x} = 15$ 度
- 自由度 $= 3 - 1 = 2$

t 分配表的查法與不等式的計算

①查 t 分配表

求出自由度 2（行）、信賴區間 0.05（列）相交欄位的 a ➡ 4.303

②將 4.303 代入不等式

$$-4.303(s/\sqrt{n-1}) \leq \bar{x} - \mu \leq 4.303(s/\sqrt{n-1})$$

$$\bar{x} - 4.303(s/\sqrt{n-1}) \leq \mu \leq \bar{x} + 4.303(s/\sqrt{n-1})$$

⬇ 代入 $n, \bar{x}, s$

$$14.4 \leq \mu \leq 15.6$$

在 95% 的信賴係數下，
哈密瓜甜度的區間為 14.4 ～ 15.6 度

4-10 χ^2 分配之區間估計①

有關統計量 χ^2

也想對離散進行區間估計

到目前為止，我們學習了用常態分配或 t 分配，區間估計母體平均數的方法。除了平均數之外，還有其他重要的統計量，也就是表示資料離散程度的變異數。那麼，如果要區間估計母體變異數，該怎麼辦呢？

這一節，我們就來學習母體變異數的區間估計。

χ^2 的登場

要區間估計母體變異數，就必須有包含母體變異數的統計量，和該統計量的分配。然後必須根據該統計量與分配建立不等式，和之前根據 t 分配區間估計母體平均數時一樣。在此導入以下的統計量 χ^2，做為包含母體變異數 σ^2 的**統計量**。

$$\chi^2 = \frac{1}{\sigma^2} \sum_{i=1}^{n} (x_i - \bar{x})^2 = \frac{ns^2}{\sigma^2}$$

χ^2 是用樣本變異數與母體變異數的比來表現的統計量。這個公式的推導記載於右頁，請自行確認。而這個 χ^2 的統計量合於自由度 =（樣本數 - 1）的 χ^2 **分配**。請注意它與 t 分配相同，分配的形狀會隨著自由度改變。

χ^2 這個統計量包含母體變異數 σ^2、樣本數 n、樣本變異數 s^2 這三個變數。其中，樣本數 n 與樣本變異數 s^2 可以由樣本求出，只要針對剩下的母體變異數 σ^2 建立不等式，就可以進行區間估計。

區間估計變異數（離散程度）

變異數
（資料的離散程度）　　← 要區間估計的話？

↓

利用 χ^2 分配

求出統計量 χ^2

$$\chi^2 = \frac{1}{\sigma^2} \sum_{i=1}^{n} (x_i - \bar{x})^2$$

↓

$$\frac{1}{\sigma^2} \sum_{i=1}^{n} (x_i - \bar{x})^2 = \frac{1}{\sigma^2} n \cdot \frac{1}{n} \sum_{i=1}^{n} (x_i - \bar{x})^2 \quad \text{← 樣本變異數}$$

$$= \frac{1}{\sigma^2} n \, s^2$$

因此：

$$x^2 = \frac{ns^2}{\sigma^2}$$

← 可由樣本求出的值

← 要估計的值

→ 自由度＝（樣本數－1）的 x^2 分配

4-11 x^2 分配之區間估計②

x^2 分配表的查法

怎麼查 x^2 分配表

　　x^2 分配也備有 x^2 **分配表**（請參閱 219 頁），以求出信賴區間。請注意 x^2 分配和常態分配或 t 分配不同，x^2 分配並不是左右對稱的。此外，也請回想一下 $x^2 = \dfrac{ns^2}{\sigma^2}$ 這個統計量，也合於自由度為（樣本數－1）時的 x^2 分配。x^2 分配表的直行是自由度，橫列則表示右圖中著色部分的面積。行與列相交的欄位，表示著色部分面積為 a 時，x^2 的**百分位數**。

求出 95% 信賴區間的方法

　　讓我們用 x^2 分配表來求出 95% 的信賴區間吧。樣本數為 10 個時，自由度就是 9（10－1）。左、右側的著色部分面積各取 0.025（100%－95%＝5%＝0.05，0.05÷2＝0.025）。看到表內自由度為 9 那一列，找尋信賴區間左側的「$a = 0.975$」（1－0.025＝0.975），以及信賴區間右側的「$a = 0.025$」即可，因此可求出 95% 的信賴區間是 [2.700, 19.022]。所以針對在 95% 信賴區間內的母體變異數 σ^2，可建立如下的不等式。

$$2.700 \le \frac{ns^2}{\sigma^2} \le 19.022$$

$$\Leftrightarrow \frac{ns^2}{19.022} \le \sigma^2 \le \frac{ns^2}{2.700}$$

　　將樣本求出的 n 與 s^2 代入這個不等式，就可以進行區間估計。

x^2 分配表的查法

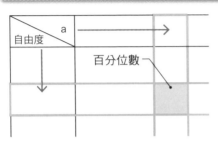

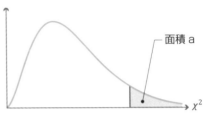

用 x^2 分配表求出 95% 的信賴區間

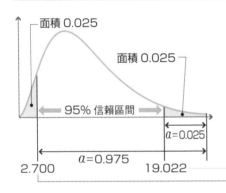

- 樣本數為 10（自由度為 9）
- 左右面積各 0.025

x^2 分配表

自由度 \ a	⋯	0.975	⋯	0.025
⋮		⋮		⋮
9	⋯	2.700	⋯	19.022

● 看 x^2 分配表，信賴區間為 2.7 ～ 19.022

$$2.700 \leq \frac{ns^2}{\sigma^2} \leq 19.022$$ 去分子 ns^2

$$\frac{2.700}{ns^2} \leq \frac{1}{\sigma^2} \leq \frac{19.022}{ns^2}$$ 分子、分母互換

$$\frac{ns^2}{19.022} \leq \sigma^2 \leq \frac{ns^2}{2.700}$$ 可進行區間估計

x^2 分配之區間估計③

使用 x^2 分配實踐區間估計

 x^2 分配的區間估計例子

生產蛋糕的機器持續使用一陣子之後，當蛋糕成品重量的標準差達到 5g 以上，就必須進行維修。也就是離散程度變大了，就必須維修。

因此，為了調查離散程度，取出 10 個蛋糕秤重，並計算變異數，結果得出樣本變異數 $s^2 = 6.6$。那麼，用 95% 信賴區間對母體變異數進行區間估計，是否就可以預測母體變異數大概在哪個範圍內呢？

 x^2 分配的利用

根據問題描述，樣本數 $n = 10$，所以自由度 = 9。根據前一節求出的 χ^2 分配（自由度 9）95% 信賴區間，我們可以利用以下不等式：

$$\frac{ns^2}{19.022} \leq \sigma^2 \leq \frac{ns^2}{2.700}$$

將樣本數 $n = 10$、樣本變異數 $s^2 = 6.6$ 代入這個不等式，就可以區間估計母體標準差的值如下：

$$\frac{10 \times 6.6}{19.022} \leq \sigma^2 \leq \frac{10 \times 6.6}{2.700} \Leftrightarrow 1.86 \leq \sigma \leq 4.94$$

計算的結果母體標準差 σ，有 95% 的機率介於 1.86g 到 4.94g 之間，因為在 5g 以下，所以勉強過關，看來生產蛋糕的機器還不需要維修。

區間估計蛋糕生產機器的精確度

蛋糕生產機器的精確度

用 95% 的信賴係數「區間估計」精確度

- 樣本數 n = 10
- 自由度 = 9
- 樣本變異數 S^2 = 6.6

① 利用前一節的不等式

$$\frac{ns^2}{19.022} \leq \sigma^2 \leq \frac{ns^2}{2.700}$$

② 代入 n = 10, S^2 = 6.6

$$\frac{10 \times 6.6}{19.022} \leq \sigma^2 \leq \frac{10 \times 6.6}{2.700}$$

③ 整理公式

$$3.47 \leq \sigma^2 \leq 24.44 \quad \Rightarrow \quad 母體變異數的範圍$$

$$1.86 \leq \sigma \leq 4.94 \quad \Rightarrow \quad 母體標準差的範圍$$

> 在 95% 的信賴係數下，蛋糕重量的離散程度（母體標準差）介於 1.86 ～ 4.94g

勉強還不需要維修

Excel 的利用❸ 求出機率分配的信賴區間

不用分配表，用 Excel 的函數求出信賴區間

1 求出標準常態分配信賴區間的方法

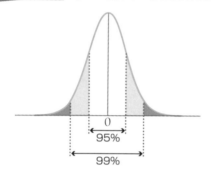

0
95%
99%

> **= NORMSINV**（機率）
>
> 由信賴係數，傳回標準常態累積分配函數的反函數

信賴係數 95% 時

● 右側（2.5%） | =NORMSINV(0.975) | 1.960

● 左側（2.5%） | =NORMSINV(0.025) | −1.960

信賴係數 99% 時

● 右側（0.5%） | =NORMSINV(0.995) | 2.576

● 左側（0.5%） | =NORMSINV(0.005) | −2.576

> 因為左右對稱，所以將右側值的（＋）號轉成（－）號

2 求出 t 分配（自由度 2）的信賴區間

= TINV（機率，自由度）

傳回機率函數和自由度的 t 分配

因為左右對稱，所以將右側值的（＋）號轉成（－）號

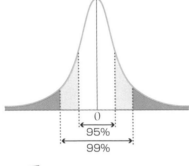

95%
99%

信賴係數 95% 時

● 右側（2.5%）

| =TINV(0.05,2) | 4.303 |

● 左側（2.5%）

| =-TINV(0.05,2) | −4.303 |

信賴係數 99% 時

● 右側（0.5%）

| =TINV(0.01,2) | 9.925 |

● 左側（0.5%）

| =-TINV(0.01,2) | −9.925 |

3 求出 x^2 分配（自由度 9）的信賴區間

= CHIINV（機率，自由度）

由信賴係數與自由度傳回卡方分配單側機率的反函數值

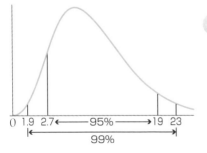

0 1.9 2.7←——95%——→19 23
99%

信賴係數 95% 時

● 右側（2.5%）

| =CHIINV(0.025,9) | 19.0228 |

● 左側（2.5%）

| =CHIINV(0.975,9) | 2.70039 |

信賴係數 99% 時

● 右側（0.5%）

| =CHIINV(0.005,9) | 23.5894 |

● 左側（0.5%）

| =CHIINV(0.995,9) | 1.73493 |

看起來成長快速的銷量

在統計的世界中，與其只看數字，倒不如利用折線圖或長條圖等，更容易了解變化。事實上，連續性的資料如股價、氣溫、公司業績等，也常使用圖表表達。

如果從公司的營收圖表等中看到業績成長，就會給股東或借錢給公司的銀行留下好印象。不過公司的銷售量卻不是那麼簡單就可以快速成長的。

舉例來說，假設今年的商品銷售比去年多 1,500 個，為 31,500 個。此時要用長條圖，讓銷售量看起來成長很快，要怎麼做呢？

首先，我們將圖表坐標 0～3 萬為止的部分省略，變成將長條圖的直條中央切斷的形狀。

接著以 500 個為單位畫橫線，畫上長條圖。這麼一來，看起來就好像賣很多的樣子。接下來加上明年預計可以賣 33,000 個，比今年多賣 1,500 個的預測值。

結果看起來就好像銷售數量不斷在快速成長。

這麼一來，雖然實際數量並沒有增加很多，卻可以讓人有大幅成長的錯覺。

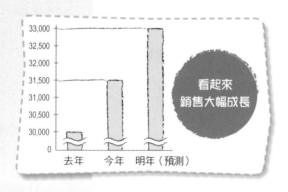

驗證，假設，找出真相！
檢定

5-1 假設與檢定

什麼是假設、檢定？

假設與檢定的關係

統計中所使用的**假設**（statistical hypothesis，統計假設），係指對母體性質的推論。

舉例來說，「日本男性平均身高為 170cm」，或「日本女性平均身高為 158cm」，或者是「成年男性平均體重應該是介於 55 ～ 65kg 之間，成年女性平均體重應該是介於 45 ～ 55kg 之間吧」等等的假設。在統計上，必須對這種假設到底正不正確做出判斷。

根據樣本來檢驗對母體的假設正不正確，這就是**假設檢定**（hypothesis testing）。如果檢定的結果判斷假設是對的，統計學上稱為**接受**，反之則稱為**棄卻**。

要檢驗假設是否正確時，不是單靠主觀認定，最好要有明確的判斷基準。此時統計學的基準就是**顯著水準**（最常用的是 1% 或 5%）。

用顯著水準 5% 來看看「日本男性平均身高為 170cm」的假設吧。顯著水準就是右頁圖中的著色部分。同時假設由樣本算出的平均身高，落在顯著水準 5% 的區域（稱為**棄卻域**）內。

這也就是很少發生的事卻真的發生的狀況。像這種不能說是經常發生的事卻發生了，就判斷是假設有誤所造成的，因此棄卻該假設。這就是檢定的基本概念。

檢驗假設的檢定

 假設母體的性質 ◀ 檢驗假設是否正確

檢驗有關身高的假設

 日本男性平均身高為 170cm（顯著水準 5%）

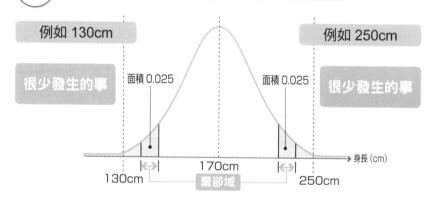

例如 130cm

很少發生的事

面積 0.025

例如 250cm

很少發生的事

面積 0.025

➝ 身長 (cm)

130cm　170cm　250cm

棄卻域

①左右的橋（著色部分）取顯著水準 5%（因為左右對稱，所以都是 0.025）

②考慮由樣本算出的平均身高，是否落在顯著水準區域內

③如果落在這個區域內，就意味著很少發生的事卻發生了（發生機率 5%）

④發生的原因是因為假設有誤

棄卻假設（判斷是錯誤的）

5-2 虛無假設與對立假設

檢定時建立假設的方法

必須有互為對立的兩種假設

檢定就是檢驗建立的假設。統計一般必須建立**兩種形式的假設**進行檢定。一種是**虛無假設**（null hypothesis），另一種是**對立假設**（alternative hypothesis）。

兩種假設互為對立關係，因此棄卻虛無假設就等於接受對立假設。順帶一提，虛無假設這個名詞的由來，是因為如果不能棄卻虛無假設，這個檢定本身就毫無意義（落空、空虛）。

舉例來說，假設我們建立「日本人的平均身高為170cm」的虛無假設，與「日本人的平均身高不是170cm」的對立假設。接受假設並非是因為假設永遠是對的。計算平均身高的結果，只差那麼一點點就會落入棄卻域時，就因為只差那麼一點點，所以無法很有自信地說假設是對的。

換句話說，不能棄卻假設（＝接受）是一種「雙重否定」的狀況，也就是不能說（否定假設的否定）是假設有誤（假設的否定）。

不能棄卻假設，代表「平均身高為170cm」「不能說是有誤」。雙重否定並不代表肯定，所以不能導出「平均身高為170cm」的結論。

這麼一來，不能棄卻假設，就不知道結論到底是什麼了。所以統計學就採用有點迂迴的方法，也就是先建立兩個假設，棄卻虛無假設，也就是對立假設的成立。

兩種假設

 虛無假設　應被棄卻的假設　↔　 對立假設　否定虛無假設的假設

 對立

| 日本人的平均身高為170cm | | 日本人的平均身高不是170cm |

為什麼要建立兩種假設

①虛無假設只差那麼一點點就會落入棄卻域
②無法很有自信地說假設是對的

||

假設有誤 （假設的否定）	不能這麼說 （否定假設的否定）
雙重否定，不知道結論到底是什麼	

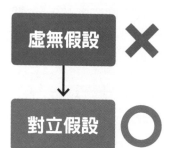

棄卻虛無假設，也就
是對立假設的成立

5-3 雙尾檢定與單尾檢定

設定適合對立假設的棄卻域

如何建立對立假設

檢定就是先建立虛無假設和對立假設這兩種假設後，進行檢驗。

接下來，我們仔細看看建立虛無假設與對立假設的方法。

舉例來說，建立「日本男性的平均身高為 170cm」的虛無假設時，建立對立假設的方法有以下三種：

①日本男性的平均身高**不是** 170cm。
②日本男性的平均身高**高於** 170cm。
③日本男性的平均身高**矮於** 170cm。

根據建立對立假設的方法（要得到的結論），會決定虛無假設的棄卻域。

如果設定顯著水準為 5% 時，①的情形就要取左右兩側各 2.5% 做為棄卻域。這種情形就稱為**雙尾檢定**（two-tailed test）。

②的情形就必須取分配的右側（比 170cm 高的部分）5% 做為棄卻域；③的情形就必須取分配的左側（比 170cm 矮的部分）5% 做為棄卻域。這種將棄卻域分別設在左側或右側的情形，就稱為**單尾檢定**（one-tailed test）。

因為棄卻虛無假設，所以結論就是對立假設。為了正確進行檢定，必須好好考慮想得到什麼結論（對立假設），設定虛無假設的合適棄卻域。

建立對立假設的方法

 虛無假設 | 日本男性的平均身高為 170cm

↕ 對立   ↕ 對立   ↕ 對立

對立假設 |
① 不是 170cm |
② 高於 170cm |
③ 矮於 170cm

①的情形 （顯著水準 5%）

取兩側各 2.5%（合計 5%）
做為棄卻域

＝

雙尾檢定

170cm

②的情形 （顯著水準 5%）   **③的情形** （顯著水準 5%）

各取單側 5%
做為棄卻域

170cm   170cm

單尾檢定

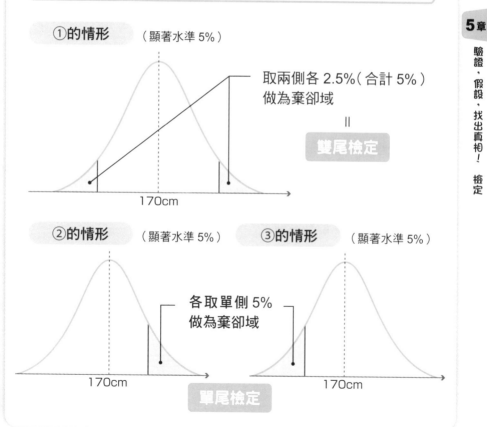

5-4 *t* 檢定① 雙尾檢定

使用 *t* 分配之母體平均數雙尾檢定

解決鞋子尺寸微妙的差異

某家皮鞋店收到了幾個客訴，內容是「25cm 的鞋子尺寸不對」。

店主心裡很納悶，為什麼只有 25cm 的鞋子出問題呢？為了確認客訴的內容正不正確，決定用 5% 的顯著水準進行檢定。隨機選出五雙 25cm 的鞋子，重新量測尺寸，計算平均尺寸與尺寸的**標準差**，結果各為 25.2cm、0.07。

建立雙尾檢定的對立假設

接著就馬上來建立要檢定的假設吧。

首先建立「25cm 的鞋實際尺寸（的母體平均數）是 25cm」的虛無假設。

鞋子的尺寸比平均值過大或過小都不行。因此可以建立「25cm 的鞋實際尺寸（的母體平均數）不是 25cm」的對立假設。也就是要進行**雙尾檢定**。

如果棄卻了「25cm 的鞋實際尺寸（的母體平均數）是 25cm」的虛無假設，「25cm 的鞋實際尺寸（的母體平均數）不是 25cm」的對立假設就變成結論。像鞋子尺寸有問題的情形，對店主而言，如果虛無假設被棄卻，店裡是會很困擾的。

本次樣本數很少，只有 5 個，在這種情況下要進行母體平均數的檢定，看來應該可以用 *t* 分配。利用 *t* 分配的檢定，就稱為 *t* 檢定。

用 5% 的顯著水準檢定鞋子的尺寸

檢定鞋子的尺寸

用 5% 的顯著水準檢定 25cm 的鞋子尺寸

- 樣本平均數 $\bar{x}$ = 25.2cm
- 標準差 s = 0.07

建立假設

虛無假設 25cm 的鞋實際尺寸（的母體平均數）是 25cm

對立

對立假設 25cm 的鞋實際尺寸（的母體平均數）不是 25cm

=

雙尾檢定

利用 t 分配

樣本數少，只有 5 個

利用 t 分配進行檢定

=

t 檢定（雙尾檢定）

5-5 t 檢定② t 分配表

由雙尾檢定的 t 分配導出結論

由 t 分配表求出棄卻域

接著再繼續看看這個在某家皮鞋店發生的尺寸不對的客訴問題。

我們來檢定虛無假設「鞋實際尺寸（的母體平均數）是 25cm」，和對立假設「25cm 的鞋實際尺寸（的母體平均數）不是 25cm」這兩個假設吧。

本次是 5 個樣本、顯著水準 5% 的雙尾檢定，所以要查 t 分配表的自由度 = 4（樣本數－1）、$a = 0.025$ 相交欄位的值，就是 2.776。

換言之，棄卻域就是 $t \leq -2.776$ 或 $2.776 \leq t$。

那麼就用樣本平均數、樣本變異數來算算看統計量 t（在前一節已知母體平均數 μ、樣本平均數 $\bar{x}$、標準差 $s = 0.07$）吧。

$$t = \frac{\bar{x} - \mu}{s/\sqrt{n-1}} = \frac{25.2 - 25}{0.07/\sqrt{5-1}} = 5.714$$

統計量 t 的值為 5.714，落在棄卻域中。

因此棄卻「鞋實際尺寸（的母體平均數）是 25cm」的虛無假設，對立假設「鞋實際尺寸（的母體平均數）不是 25cm」成為結論。也就是說，「尺寸不對」的客訴是正確的。

身為店主，看到這樣的結論，應該好好向顧客道歉，同時採取替顧客換新鞋等的對策了。只要使用統計手法，就可以用數值對日常可能發生的問題下結論，並加以解決了。

由 t 分配表求出棄卻域

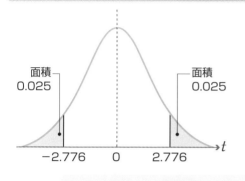

面積
0.025

面積
0.025

-2.776 0   2.776 t

① 查 t 分配表自由度 ＝ 4、a ＝ 0.05 相交欄位的值（2.776）

② 因為左右對稱，所以是
$$-2.776 \leq t \leq 2.776$$

$$t \leq -2.776 \quad 或 \quad 2.776 \leq t$$

計算統計量 t

$$t = \frac{\bar{x} - \mu}{s/\sqrt{n-1}} = \frac{25.2 - 25}{0.07/\sqrt{5-1}} = 5.714$$

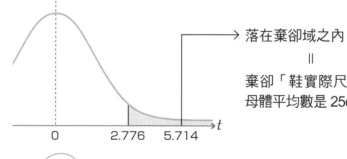

0   2.776   5.714 t

→ 落在棄卻域之內
＝
棄卻「鞋實際尺寸的母體平均數是 25cm」

結論 鞋實際尺寸的母體平均數不是 25cm

＝

客訴是正確的

x^2 檢定① 母體變異數檢定

使用 x^2 分配之母體變異數檢定

檢定蛋糕重量的變異數

某位蛋糕師傅製作一個 60g 重的蛋糕。為了維持一定品質，以重量標準差在 5g 以下為原則（亦即變異數在 25 以下）。

為了確保提供顧客美味且品質一致的蛋糕，必須定期進行檢查。

隨機選出 6 個蛋糕做為樣本，量重量並計算變異數，結果變異數為 4.4。為了確認製作的蛋糕是否符合一個蛋糕 60g、標準差 5g 以下（變異數 25 以下）的原則，用 5% 的顯著水準來檢定看看吧。

建立單尾檢定的對立假設

首先要建立檢定用的假設。建立「蛋糕重量的母體變異數為 25」的虛無假設。本次想要顯示出蛋糕重量的變異數小於 25，所以建立「蛋糕重量的母體變異數小於 25」的對立假設。

對立假設是「小於～」的情形，所以本次是單尾檢定。

檢定的結構是如果棄卻虛無假設，對立假設「蛋糕重量的母體變異數小於 25」就成為結論。

換言之，結論就是製作的蛋糕的母體變異數 σ^2 小於製作的原則，所以蛋糕師傅可以安心了。

因為是變異數的檢定，所以利用 x^2（卡方）分配進行檢定（稱為 x^2 檢定）。

用 5% 的顯著水準檢定蛋糕重量

檢定蛋糕重量

用 5% 的顯著水準檢定蛋糕重量

- 樣本數 n = 6
- 自由度 = 5（樣本數 − 1）
- 樣本變異數 S^2 = 4.4

建立假設

 虛無假設　蛋糕重量的母體變異數為 25

對立

 對立假設　蛋糕重量的母體變異數小於 25

=

單尾檢定

利用 x^2 分配

因為是變異數的檢定，所以可以利用 x^2 分配

x^2 檢定（單尾檢定）

5-7 x^2 檢定② x^2 分配表

由單尾檢定之 x^2 分配導出結論

 由 x^2 分配表求出棄卻域

接續前一節，檢定虛無假設「蛋糕重量的母體變異數為25」，對立假設「蛋糕重量的母體變異數小於25（標準差5的平方）」。

本次是樣本數 $n = 6$，顯著水準 5% 的單尾檢定，所以要看 x^2 分配表的自由度 = 5、信賴區間 $a = 0.95$ 相交欄位的值，就是 1.145。

換言之，棄卻域如下：

$$x^2 \leq 1.145$$

再由樣本平均數、樣本變異數來算算看統計量 x^2 吧。前一節已知，「樣本數 $n = 6$，自由度 = 5（樣本數 － 1），樣本變異數 $s^2 = 4.4$」。而且我們是以虛無假設正確來進行檢定，所以母體變異數是 25（標準差的平方）。代入以上數值後，統計量 x^2 的數值如下：

$$x^2 = \frac{ns^2}{\sigma^2} = \frac{6 \times 4.4}{25} = 1.06$$

統計量 x^2 是 1.06，落在虛無假設的棄卻域（$x^2 \leq 1.145$）內。因此可棄卻「蛋糕重量的母體變異數為 25」的虛無假設，對立假設「蛋糕重量的母體變異數小於 25」成為結論。

根據以上所述，可以導出蛋糕重量的變異數符合基準（25以下）的結論。因此就統計學的判斷可知，不需要糾正蛋糕師傅，也能安心地賣蛋糕給顧客。

由 x^2 分配求出棄卻域

虛無假設

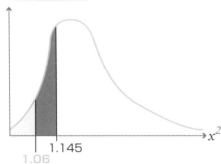

1.145
1.06

①看 x^2 分配表自由度 5、$a = 0.95$ 相交欄位的數值（1.145）

②因為是單尾檢定，所以

$$\chi^2 \leq 1.145$$

棄卻域 $\chi^2 \leq 1.145$

對立假設

計算統計量

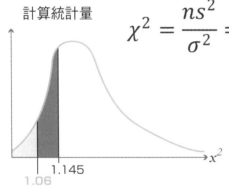

1.145
1.06

$$\chi^2 = \frac{ns^2}{\sigma^2} = \frac{6 \times 4.4}{25} = 1.06$$

1.06 < 1.145，
所以棄卻虛無假設

結論　蛋糕重量的變異數小於 25

＝

蛋糕師傅是正確的

某家皮鞋店收到幾個客訴，內容是「25cm 的鞋子尺寸不對」。
試著隨機選出 5 雙鞋，結果平均尺寸是 25.2cm，標準差是
0.07。接著用 Excel，以 5% 的顯著水準來檢定這個客訴的內容
是否正確。

1 資料整理

樣 本 數	5
自 由 度	4
母體平均數	25
樣本平均數	25.2
標 準 差	0.07
顯 著 水 準	0.05

樣本數－1

來自虛無假設

2 建立假設

虛無假設　「25cm 的鞋實際尺寸（的母體平均數）
是 25cm」

對立假設　「鞋實際尺寸的母體平均數不是 25cm」

3　求出棄卻域

用 t 分配進行顯著水準 5% 的雙尾檢定

● 右側棄卻域

=TINV(0.05,4)	2.776	

= TINV（機率，自由度）

傳回機率函數和自由度的 t 分配

● 左側棄卻域

=-TINV(0.05,4)	−2.776	

將右側棄卻域轉成負號

4　計算統計量 t

=(25.2−25)/(0.07/SQRT(4))	5.714	

$$t = \frac{樣本平均數 - 母數平均數}{標準差 / \sqrt{樣本數 - 1}}$$

5　比較統計量 t 與棄卻域

2.776（棄卻域）< 5.714（統計量 t）
棄卻虛無假設，接受對立假設

⇒　**客訴是正確的！**

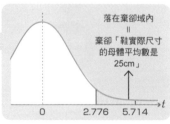

落在棄卻域內
＝
棄卻「鞋實際尺寸
的母體平均數是
25cm」

0　　2.776　5.714　→ t

某位蛋糕師傅製作一個 60g 重的蛋糕。為了維持一定的品質,以重量標準差(離散)在 5g 以下為原則。隨機選出 6 個蛋糕做為樣本,量重量並計算變異數,結果變異數為 4.4。為了確認製作的蛋糕是否符合原則且離散程度小,用 5% 的顯著水準檢定看看吧。

1　資料的整理

樣　本　數	6
自　由　度	5
母體標準差	5
樣本變異數	4.4
顯　著　水　準	0.05

樣本數 − 1

來自虛無假設
母體變異數 = 25
所以
母體標準差 = $\sqrt{25}$ = 5

2　建立假設

虛無假設

「蛋糕重量的母體變異數大於 25」

對立假設

「蛋糕重量的母體變異數小於 25」

3 求出棄卻域

用 x^2 分配進行顯著水準 5% 的檢定

● **左側棄卻域**

=CHIINV(0.95,5)	1.145

> **= CHIINV**（機率，自由度）
> 傳回卡方分配單側機率的反函數值

4 計算統計量 x^2

=(6*4.4)/5^2	1.056

> 樣本數 × 樣本變異數
> ─────────────────
> 標準差 ^{2}

5 比較統計量 x^2 與棄卻域

1.056 < 1.145
因此棄卻虛無假設，接受
對立假設

> **蛋糕師傅是正確的！**
⇒

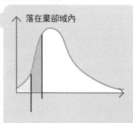

落在棄卻域內

使用插圖可讓印象加深好幾倍

要讓資料差異看起來比實際數值差異大，除了在第4章 column 介紹過的長條圖，還有其他有效的手法。那就是象形圖（Pictograph）。這是用插圖來表示數值大小的方法。

舉例來說，以日本汽車出口部數的統計為例。1978 年的出口部數大約是 300 萬部，到了 2008 年大幅成長至大約 600 萬部。數值變成 2 倍，我們用象形圖來表現看看吧。

首先畫出表示出口部數 300 萬部的汽車插圖。接著不改變比例，畫出 2 倍大的這個圖。光是這樣圖表的印象就大為改觀了。1978 年的出口部數看起來是不是變得很少呢？

其實，「不改變比例，畫成 2 倍」的做法，是有含義在裡面的。

這張象形圖，2008 年的圖高度是 1978 年的 2 倍。不過因為比例相同，所以寬度也是 2 倍。2008 年的汽車面積，事實上是 2 倍高 ×2 倍寬＝ 4 倍大。這麼一來，雖然說是 2 倍，實際看起來是 4 倍大。

1978 年約 300 萬部 ➡ 2008 年約 600 萬部

數字是 2 倍，但看起來的印象是 4 倍

統計的精髓！
資料探勘之應用

6-1 什麼是資料探勘

發現隱藏的知識與法則的技術

資料探勘可發現隱藏的知識

利用統計、機率的手法，由龐大的資料中發現知識或定律的技術，統稱為**資料探勘**（data mining）。

你可能會想，「到第 5 章為止的統計，不是資料探勘嗎？」這主要是歷史脈絡的不同。

統計學起源自數學，所以在某種程度上，可以用數學嚴密驗證的公式等，就是它的出發點。另一方面，資料探勘則是由**資訊科技**（Information Technology, IT）發展出來的，起源是想要有效活用電腦中的龐大資料。

因此，它雖然也有和統計學共通的手法，但資料探勘最大的特徵，就是以電腦程式處理為前提。此外，雖然說法不太好聽，不過因為資料探勘具有科技的基因，認為只要「有效就好」，所以只要實務上有效，也會使用不像數學一樣有嚴密理論基礎的手法。

再者，統計的形態是經由分析的結果，決定是否棄卻統計量或假設，所以不需要等人類看到結果之後，再去做決策或判斷。而資料探勘則會因分析的目的不同，結果呈現的方式也不一樣。

舉例來說，像是由電子病歷的資訊預測「容易／不容易罹患癌症的人」的**分類預測**、搜尋引擎的結果排行、將樣本分成幾類的**分群**（clustering），以及在網路商店的類似商品**推薦系統**等。

由資訊科技衍生出來的資料探勘

 資料探勘 利用統計、機率的手法，由龐大的資料中發現知識或定律的技術

資料探勘與統計學的關係

資料探勘

統計學

分類預測
（由電子病歷預測
容易罹患癌症的人）

結果排行
（搜尋引擎）

分群
（樣本分類）

推薦系統
（網路商店推薦
類似商品）

起源自資訊科技
- 用電腦程式處理
- 實用的

起源自數學
- 嚴密的公式
- 是否棄卻統計量或假設等

6-2 關聯法則① 購物籃分析

讓資料探勘一舉成名的技術

資料探勘技術的始祖：關聯法則

　　資料探勘這個名詞一舉成名的契機，就是大型連鎖超市利用銷售點管理系統（Point of Sales, POS）進行的購物籃分析。導出「來買尿布的男性也會一併買啤酒」的分析結果，對於其後的銷售大有貢獻，因此被視為成功的資料探勘案例。

　　購物籃分析使用的，就是**關聯法則**（association rules）的技術。

關聯法則的「關聯」是什麼？

　　這裡所謂關聯法則的關聯，請理解成「A 事件常常和另一個 B 事件同時發生」的程度。

　　這和統計學中，用有明確公式定義的相關係數大小來判斷的「相關」是不一樣的。所謂相關係數，是指處理比到第 5 章為止所舉的例子更為複雜的資料時，所使用的統計量，例如多次元或摻雜時間概念時的分析。

　　資料探勘技術有很多即使數學不好，仍可直覺使用，且實務上常用的技術，例如關聯法則、分類預測、分群等。

　　本章無法盡述資料探勘的所以然，只能介紹基本的技術，請好好理解技術概要。

　　資料探勘還有更高深的分析技術，有興趣的人可以自行參閱文末的參考文獻學習。

運用關聯法則增加銷量

關聯法則 ── 係指同時性與相關性高的事件之組合與關係

⬇

發生事件 A 就會發生事件 B

關聯法則範例

用關聯法則分析超市的 POS 資料

⬇

賣出尿布，啤酒也會賣出

＝

一起買尿布和啤酒的人很多

放在同一個貨架上就可增加銷量！

關聯法則② 關聯法則的機制

找出機制的兩大重點

買尿布的人也會買啤酒嗎？

在超市用關聯法則分析收銀機的 POS 資料，結果發現「一起買尿布和啤酒的人很多」。於是將這兩種商品放在鄰近的貨架上，銷量就增加了。這樣的關聯法則是經由以下的方式找出來的。

找出關聯法則的方法

首先以商品 A 為主來想一想，「商品 A 的旁邊放什麼比較好？」此時重要的是**信賴度**（confidence）。

這是顯示購買商品 A 的人之中，同時購買商品 A 與商品 B 的人的比例。這個比例越高，看起來就越適合把 B 放在商品 A 的旁邊。信賴度還可以繼續延伸下去，例如購買 A 與 B 的人之中，同時購買 A 與 B 與 C 的人⋯⋯。

接下來想的是針對店內所有的商品進行調查，可是要調查眾多商品全部的關聯法則，實在很不容易。因此就想縮小範圍到了解大家會買很多商品的法則。這時候會用到的就是**支持度**（support）。

同時購買 A 與 B 的支持度，可以用買 A 與 B 的顧客人數／所有來買東西的顧客人數計算出來。支持度越高，購買量就越多，所以是值得關注的事件。

首先找出支持度在一定程度以上的商品，再由這些商品中找出信賴度高的購買組合，再計算該組合的支持度，如此重複下去，就可以找出所有有用的關聯法則。

用信賴度與支持度找出關聯法則

找出關聯法則的方法

①計算各商品的支持度
（買商品 A 與 B 的人數）÷（所有來買東西的人數）

②計算支持度高的商品與其他商品的組合之信賴度
（買商品 A 與 B 的人數）÷（買商品 A 的人數）

①計算各商品的支持度

商品名	支持度
蛋糕	76%
餅乾	40%
果凍	15%

只有支持度
40% 以上的
商品進入②

〔果凍〕的支持度
（1+5+5+4）/100
=0.15（15%）

〔例〕由蛋糕、果凍、餅乾的銷量
找出關聯法則
（支持度 40%、信賴度 50%）

蛋糕　　　　　　　　餅乾

55 人　15 人　15 人

5 人

1 人　5 人

所有顧客數
（樣本數）
= 100 人

4 人

果凍

買餅乾與
果凍的人

②計算支持度高的商品與其他商品的組合之信賴度

〔蛋糕、餅乾〕的支持度
=（15+5）/100=0.2（20%）

（〔蛋糕、餅乾〕的支持度）
／（蛋糕的支持度）
= 20% / 76%=26%

法則	支持度	信賴度
〔蛋糕〕➡〔蛋糕、餅乾〕	20%	26%
〔蛋糕〕➡〔蛋糕、果凍〕	6%	8%
〔餅乾〕➡〔餅乾、蛋糕〕	20%	50%
〔餅乾〕➡〔餅乾、果凍〕	10%	25%

關聯法則
發現「買餅乾的
人也會買蛋糕」！

6-4 關聯法則③ 關聯與因果的差異

重點是同時發生，還是依序發生

相關是同時發生的

資料探勘時，包含關聯法則在內，都必須非常注意相關與因果的差異。

以尿布和啤酒的例子來說，關聯法則可以了解**相關關係**，也就是「買尿布和買啤酒**好像是有關係的**」。但這並不表示「因為買尿布，所以買啤酒」，反之亦然。

順帶一提，A 與 B **同時發生**這件事，用機率的名詞來說，稱為**聯合機率**（joint probability），數學公式則寫成 $P(A \cap B)$、$P(A, B)$ 等。

因果是有順序的

另一方面，如果事件的發生是有順序的，也就是說**一件事是原因或前提條件，另一件事是結果，像這樣的兩件事的關係**，就稱為**因果關係**。

遺憾的是，我們無法用關聯法則來了解因果關係。有時候要闡明因果關係可以經由其他技術，例如**貝氏網路**（Bayesian network，描述機率因果關係的圖形模型）等。

貝氏網路以**條件機率**（conditional probability）來表現因果。要表現 A 發生時，有多少機率會發生 B，可以寫成 $P(B|A)$。這種因果與相關，在數學上也是不同的。

本書並不打算詳細說明貝氏網路的內容，有興趣的人可以查查參考書，或自網際網路下載免費軟體。

相關關係與因果關係有什麼不同？

 相關關係　事件 A 與 B 常常同時發生，但是不知哪個是原因（結果）

即使尿布與啤酒同時賣出，也不知是否是因為買尿布，所以買啤酒

因果關係　事件 A 與 B 之中，知道哪一個是原因（結果）

貝氏網路

描述機率因果關係的模型

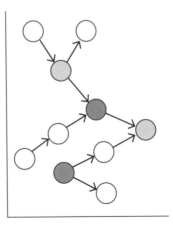

條件機率

$P(B|A)$

A 發生時有多少機率會發生 B

6-5 分類預測① 分類預測問題

了解代表性的分類預測技術

什麼是分類預測

分類預測就是利用已知類別的現有資料，預測新的未知類別資料的合適類別。

舉例來說，已經有幾十隻狗、貓、兔｛體重、體長、動物種類｝的樣本時，針對只知道體重與體長的動物，來預測牠是狗、貓還是兔。此時想預測的這件事（此例是指動物種類），就稱為**類別**。

分類預測技術中，**線性判別**（linear discrimination）和**支持向量機**（support vector machine）等技術，是由現有資料事先仔細學習類別與判別類別邊界的方法。

另一方面，也有「雖不知全體，但可預測新資料類別」的方法。下一節要說明的 **k 鄰近法**（k-nearest neighbor algorithm）就是其中之一。

話說，一開始我們有提到，資料探勘源自資訊科技（IT）。在 IT 的世界中，以電腦可執行的形式來敘述，稱為編程，而被敘述的內容則稱為程式。

此外，**程式核心的計算步驟**則稱為**演算**。資料探勘技術的前提是，以電腦處理無法手算的大量資料，所以再深入學習就會出現各種 IT 用語。特別是說明資料處理步驟的重點時，請先把會使用的演算名詞記好，以便於學習以後的內容。

分類預測就是預測不知道的資料

分類預測 利用已知類別的現有資料，預測新的未知類別資料

由體長與體重預測動物種類（類別）

	體長（cm）	體重（kg）	種類（類別）
1	51	10.2	狗
2	42	8.8	狗
3	51	8.1	狗
4	41	7.7	狗
5	51	9.8	狗
6	50	7.2	狗
7	33	4.8	貓
8	38	4.6	貓
9	37	3.5	貓
10	33	3.3	貓
11	33	4.3	貓
12	21	2.0	兔
13	23	1.0	兔
14	24	2.0	兔

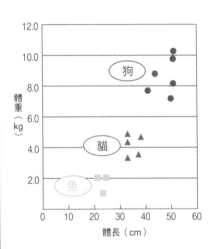

追加只知體長 39cm、體重 5.0kg 的新資料（名叫小玉）。

↓

小玉的種類是？
＝
分類預測

分類預測② k 鄰近法的機制

估計分類的計算步驟

k 鄰近法的計算步驟

接著來說明分類預測的手法之一，也就是 k 鄰近法的結構。延續前一節的例子，已經有幾十隻狗、貓、兔 { 體重、體長、動物種類 } 的樣本時，預測只知道體重與體長的動物種類（類別）。

為了方便起見，我們將這隻不知種類的動物命名為小玉吧。**這隻未知的動物，也就是小玉的種類，以接近小玉的 k 隻（k 鄰近）中，由多數決決定類別，這就是 k 鄰近法。當 k = 1 時又稱為 k 最鄰近法。**

此時，k 鄰近法根據以下步驟來推論小玉的類別：

①計算小玉與每一個樣本的距離
②選出距小玉近的 k 個樣本
③k 個樣本進行多數決，樣本最多的類別就是小玉的類別

這個所謂未知與已知類別樣本之間的距離，是由類別以外的資訊計算而來。以小玉為例，因不知是狗還是貓、兔，只知體重與體長，所以可以如此計算如下：

小玉與某樣本的距離＝（小玉體長－某樣本體長）^{2} ＋（小玉體重－某樣本體重）^{2}

這計算公式當然也可以開根號，不過因為目的是和其他樣本進行相對比較，比大小後由小的開始依序選擇，所以開不開根號都不會改變結果。

用 k 鄰近法預測類別

k 鄰近法	由 k 個接近未知資料的樣本來預測資料的類別

用 k 鄰近法預測小玉的類別

小玉體長＝ 39cm　　　體重＝ 5.0kg　　　k ＝ 3 時

編號	體長（cm）	體重（kg）	種類	距離
1	51	10.2	狗	171.0
2	42	8.8	狗	23.4
3	51	8.1	狗	153.6
4	41	7.7	狗	11.2
5	51	9.8	狗	167.0
6	50	7.2	狗	125.8
7	33	4.8	貓	36.0
8	38	4.6	貓	1.1
9	37	3.5	貓	6.2
10	33	3.3	貓	38.8
11	33	4.3	貓	36.4
12	21	2.0	兔	333.0
13	23	1.0	兔	272.0
14	24	2.0	兔	234.0

①計算距離

$(39-51)^2 + (5.0-10.2)^2 ≒ 171.0$ 等

②選出距離較近的 k 個（k ＝ 3）樣本

狗 11.2

貓 1.16、6.25

小玉是貓

③進行多數決

狗 1

貓 2

6-7 分類預測③ k 鄰近法範例

了解特定未知生物的過程

直到知道小玉是貓為止

　　根據右頁表的樣本來預測小玉的種類吧。針對「k = 6」（接近小玉的 6 隻動物是什麼動物呢）與「k = 3」「k = 1」調查，結果如右頁下圖。

　　「k = 6」時，因為貓與狗的數量相同，所以無法判斷是哪一種。另一方面，「k = 1」時因為剛好有一隻狗的體長、體重近似貓，結果小玉被判斷是「狗」。

　　由這個例子可知，要取幾個最接近的樣本，這個「k」如果太大，就會模糊焦點，太小又很容易受到異常值的影響，所以必須設定為合適的大小。

k 鄰近法中決定 k 的方法是？

　　其實並沒有決定 k 應該是幾個的決定性方法。一般的做法是使用已知類別（動物種類）的幾個樣本，改變 k 值重複進行幾次 k 鄰近法，然後選擇結果來看最合適的數值。

　　這種方法中最知名的就是**交叉驗證**（cross validation）。看英文就可以知道這個驗證和第 5 章使用的**假設檢定**不同。

　　統計與資料探勘的用語，有時候中文看起來一樣，但英文不同（也就是意思不同），像之前的關聯法則（association rule）和相關係數（correlation）也是，所以要多加留意一下。

小玉是狗還是貓？

預測小玉的種類

種類	體長（cm）	體重（kg）	距離	距離接近小玉的順位
狗	42	8.8	23.4	5
狗	51	8.1	153.6	
狗	41	7.7	11.2	4
狗	51	9.8	167.0	
狗	50	7.2	125.8	
狗	40	4.7	1.0	1
貓	33	4.8	36.0	
貓	38	4.6	1.1	2
貓	37	3.5	6.2	3
貓	33	3.3	38.8	
貓	33	4.3	36.4	6
兔	21	2.0	333.0	
兔	23	1.0	272.0	
兔	24	2.0	234.0	
?（小玉）	39	5.0		

k = 1	k = 3	k = 6
狗	狗 ×1 貓 ×2	狗 ×3 貓 ×3
小玉＝狗	小玉＝貓	小玉＝？

k 值太小會受到異常值影響，
k 值太大會受到遠的樣本影響

k 鄰近法與直方圖的關係

到目前為止，看起來資料探勘的手法和統計好像沒有太大關係。不過仔細看看，應該就可以理解到 k 鄰近法與直方圖可是密切相關的。

還記得直方圖要設定區間吧，以儲蓄金額來說，像是每 200 萬日元分成一個區間等。根據使用方便性與看圖的容易了解程度，設定合適的區間大小，這麼一來就可決定次數以及直方圖的形狀了。不過如果是不太了解的樣本，就不知道要設定成什麼大小了。

因此，就想到將次數——也就是 k ——固定，根據樣本位置來改變區間的大小，這樣的想法就是 k 鄰近法。

當然也可以先將所有的體重、體長全部計算出來，不過計算可能用不到的部分實在很麻煩。所以每次有新的小玉來，要預測是什麼動物時，就依序求出小玉和其他資料的接近程度，如 6-6（請參閱 160 頁）所示，然後只針對接近小玉的範圍來製作直方圖。

發展出直方圖的分類預測法，還有一種**核密度估計法**（kernel density estimation），這是讓直方圖的區間與區間的分界線，不會那麼崎嶇的手法。

要用核密度估計法就必須有機率分配的知識，其實它的應用也常出現在我們的身邊，例如可在網路看到的「警察的犯罪發生地圖」等。

k 鄰近法與直方圖的差異

直方圖

區間固定，頻率不同（次數）

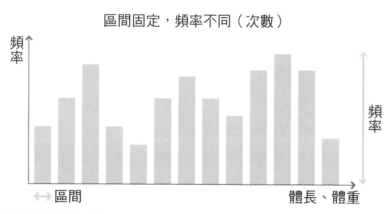

k 鄰近法

區間不同，頻率固定（次數或 k 值）

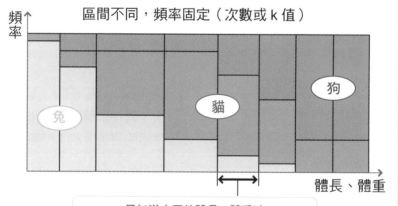

兔

貓

狗

只知道小玉的體長、體重時
只要計算與小玉相同的區間即可

只要知道接近小玉的 k 個值的頻率即可

6章

統計的精髓！ 資料探勘之應用

6-9 分群① 分類的手法

將樣本分成群集的手法

分群與分類預測的差異

接下來要介紹另一個資料探勘的技術：**分群**（clustering）。

將樣本分類成幾種的分群，是**將所得到的樣本分類成幾個群塊（群集）的技術**總稱。

分類預測是在除了小玉之外，其他動物都已知是狗／貓／兔哪一種的狀態下，為了知道小玉的類別時使用的技術。

另一方面，分群則是在不知所有樣本的種類時，進行分類。以動物為例，無論如何要分成二類時，可能是分成體型大的動物與體型小的動物，或者是身體長的動物與身體短的動物。

和分類預測一樣，分群的手法也有好幾種，是目前仍在研發中的領域。

下一節介紹的 k-means 分群法（k-means clustering，或稱 k 平均數分群法），可說是最正統的手法，直接將樣本分成 k 個群集，和其他分群技術一樣，都有各種應用的可能，例如時間序列或圖像的分類等。

如果分類要有階層結構時，也可以將樣本分類成有階層結構的樹木狀，像是**決策樹**或**樹狀圖**（dendrogram）。

即使是樹狀的階層式分群法，也可以取出樹木中間任一段的剖面圖，做成任意個數的群集。

以群集分類的分群

分群 　將樣本分類成幾個群集

編號	體長（cm）	體重（kg）	動物種類
1	51	10.2	狗
2	42	8.8	狗
3	51	8.1	狗
4	41	7.7	狗
5	51	9.8	狗
6	50	7.2	狗
7	33	4.8	貓
8	38	4.6	貓
9	37	3.5	貓
10	33	3.3	貓
11	33	4.3	貓
12	21	2.0	兔
13	23	1.0	兔
14	24	2.0	兔

分類成群集（圓圈起的部分）

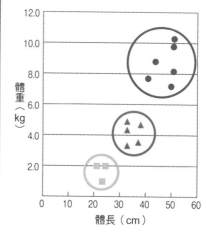

即使不知道分類（狗、貓、兔），也能加以彙整，這和分類預測不同

6章

統計的精髓！　資料探勘之應用

決定群集重心推論平均

k-means 分群法的演算法

k-means 分群法是先決定 k 個群集的質心（centroid, 應該也可以說是中心），所有的樣本都各自找到距離最近的質心，歸屬在該重心的群集中，然後重新計算各個群集的平均數為新質心，再將全部樣本重新分配到群集……重複這些分群步驟。

換言之，就是：

①決定適當的 k 個質心（例如由樣本隨機選出 k 個等）
②計算每一個樣本距離 k 個質心的距離
③讓各個樣本歸屬於最近的質心的群集
④計算此群集的平均數，做為新的質心
⑤回到②（重複到質心與樣本的群集分配不再改變為止）

經由上述步驟分群。

試想利用分類預測時使用的 10 隻動物樣本，只以體重與體長進行分類為例，在步驟②計算距離時，就會和 k 鄰近法一樣。

質心與某樣本的距離＝（質心體長－某樣本體長）^{2}＋（質心體重－某樣本體重）^{2}

步驟④計算平均數時，算式如下：

$$\{\text{體長 } i \text{、體重 } i\} = \left\{ \frac{\sum_i \text{群集 } i \text{ 的樣本體長}}{\text{群集 } i \text{ 的樣本個數}} , \frac{\sum_i \text{群集 } i \text{ 的樣本體長}}{\text{群集 } i \text{ 的樣本個數}} \right\}$$

重複分群的 k-means 分群法

k-means 分群法的步驟

①計算與質心的距離,將樣本歸屬最近的質心

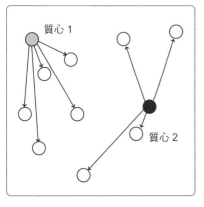

②計算各群樣本平均數,做為新的質心

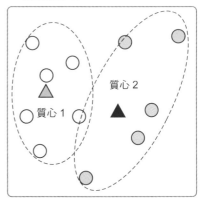

③再次計算與質心的距離,將樣本歸屬最近的質心

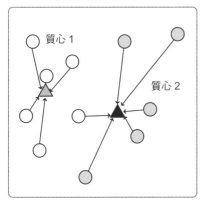

④計算各群樣本平均數,做為新的質心

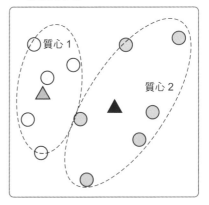

「質心 1」最初從樣本中隨意選出,之後再重複①~④的步驟分群

6-11 分群③ k-means 分群法的範例

k-means 分群法的注意事項

試著使用 k-means 分群法

那麼我們就使用 10 隻動物樣本的體重與體長,實際來用用看 k-means 分群法吧。「k = 3」時的結果如右頁。

光看體重與體長的圖表,就可發現不論是體重或體長都好像自有分類。

k-means 分群法注意事項

使用 k-means 分群法第一個要注意的,就是最終出現的群集,會因步驟 1 選出的 k 個質心初始值而改變。很遺憾的是,要解決這個問題,只能改變初始質心多試幾次。

第二個要注意的是 k-means 分群法的群集數 k 個,也必須自己決定。不過最近有不用決定 k,也可以做出適當數量的群集後分類的手法,像是**貝氏非參數法則**(Bayesian nonparametrics)等。

另外,像是不能將「只知道體重與體長的貓,分類成黑貓與白貓」等,這應該不只是 k-means 分群法做不到的事。看圖表就可知,即便體重與體長一樣,也無法確認顏色。

如果不能邊考慮「妥協點」,例如由已知樣本特徵可以知道什麼事,或想知道什麼,或知道的結果要用在什麼地方等,邊分群的話,即使分好群可能也得不到任何知識。

用 k-means 分群法進行分群

※ 動物編號、體長、體重請參閱 159 頁。

步驟 1

隨機選出 3 點做為質心（k = 3）
　群集 1 的質心 {體長 1、體重 1} = {42, 8.8}
　群集 2 {33, 4.8} 、群集 3 {21, 2.0}

步驟 2

計算各動物與質心的距離
　動物 1 與質心 1 =（51 － 42）^{2} +（40.2 － 8.8）^{2}

步驟 3

動物 1 ～ 5 歸屬於群集 1 時，以其平均數做為新的群集質心（公式請參閱 168 頁）

$$\left(\frac{51 + 42 + 51 + 41 + 51}{5} , \frac{10.2 + 8.8 + 8.1 + 7.7 + 9.8}{5} \right)$$

　　回到步驟 1，一直重複到質心不再改變為止

結果

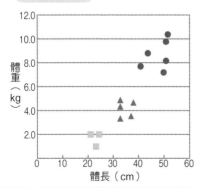

最終出現的群集會因
第一次選出的質心而
不同，請多試幾次

用 k-means 分群法解讀銷售數量資料

k-means 分群法也可依時間序列分群

進一步看看具體案例吧。右頁上表是 2008 年 4 月至 9 月，社團法人日本自動車販賣協會聯合公告的汽車廠商新車銷售表。像這種**追蹤同一件事的時間變化**，就稱為**時間序列資料**。

那麼，我們可以自這份資料看出什麼資訊呢？首先應該是銷售規模吧。不過這樣的資訊只要計算全年銷售量就可以了解，不需要分群。

因此讓我們換個角度，來看看時間序列的凹凸部分吧。

整理大小不同的東西

要分析凹凸時，注重的不是絕對值的大小，而是變化，所以讓我們適當地轉換樣本值來分大小吧。在此先使用標準化的方法。

標準化後的資料取「k = 2」，使用 k-means 分群法分群後，就是最下方的表。

如果是分群前的資料，只看得出 8 月左右，每一家公司的銷售都減少。不過分群之後，就發現 7 月有銷售減少的公司，也有增加的公司。看起來好像是因為營業用（卡車、巴士等）與一般用而造成的不同。

因此，視目的適當地轉換資料，也是資料探勘的重要工作。除了標準化之外，也可以使用與上個月銷售的比較。請視問題發揮巧思吧。

以時間序列分群

①以圖表顯示豐田與三菱 Fuso 的銷售數

（資料來源：社團法人日本自動車販賣協會聯合公告）

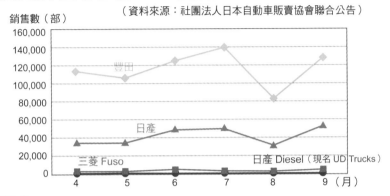

銷售數（部）

②標準化

$$標準化 = \frac{（1 個月的銷售 - 6 個月的平均銷售）}{6 個月的銷售標準差}$$

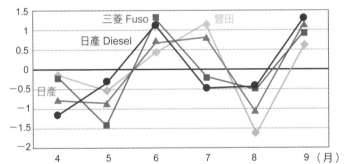

③用 k-means 分群法（k = 2）分群

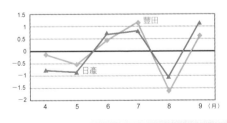

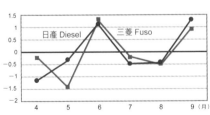

一般轎車與卡車的銷售不同

6章

統計的精隨！ 資料探勘之應用

分群⑤ 階層式分群法

樹狀圖的計算方法

什麼是階層式分群法

最後我們也來了解一下**階層式分群法**，與其中最具代表性的**樹狀圖**吧。

階層式分群法是指將樣本分類成具階層結構的樹狀。在不知道要分成幾個群集等時，這是很有效的方法。只要取樹的剖面，就可以做出想要的群集個數。

如果一眼望去，立刻就可以看出有分成幾個群集時，就可以用一開始就決定群集個數的分群手法，例如之前說明過的 k-means 分群法，比較有效率。

樹狀圖的演算法

樹狀圖可依以下步驟計算：

①計算所有樣本之間的距離（n 個樣本時就有 $_nC_2 = n \times (n-1)$ 種組合），以其中最接近的兩點做為一個群集

②成為一個群集的兩點經由取質心等，視為一點（總數就變成了 $n-1$ 點），計算其他樣本和此點的距離

③距離最近的兩點做為一個群集

④重複②、③至全體成為一個群集

右頁表是各使用三隻狗和貓的例子，和 6-9 一樣。如前一節說明所示，將體重與體長各自標準化之後計算距離的結果，會與這個結果不同，有興趣的人可以試試看。

以樹狀圖進行階層式分群

 樹狀圖 　將樣本分類成具有階層結構的樹狀（階層式分群法）

計算樹狀圖

①計算所有樣本間的距離

編號	體長（cm）	體重（kg）
4	41	7.7
5	51	9.8
6	50	7.2
7	33	4.8
8	38	4.6
9	37	3.5

	4	5	6	7	8	9
4		104.41	81.25	72.41	18.61	33.64
5			7.76	349.00	196.04	235.69
6				294.76	150.76	182.69
7					25.04	17.69
8						2.21
9						

$(41-51)^2 + (7.7-9.8)^2 = 104.41$

②將最接近的兩點彙整為一，計算其他樣本和此點的距離

編號	體長	體重
4	41	7.7
5	51	9.8
6	50	7.2
7	33	4.8
8＋9	37.5	4.05

$(38+37) \div 2 = 37.5$

$(4.6+3.5) \div 2 = 4.05$

③重複①、②，以樹狀顯示結果

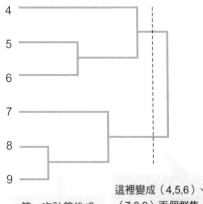

第一次計算後成為一個的樣本

這裡變成（4,5,6）、（7,8,9）兩個群集

6-14 使用分群抽出特徵

要探勘複雜的圖像資料

圖像的資料探勘要怎麼做？

最後，我們簡單地了解一下圖像資料的探勘。現在我們試著使用分群，將右頁上方的圖像分成兩類。

用人的肉眼來看，數字的 1 與 2 很容易理解。不過如果對電腦來說，這是畫素所排列出的資料，而且每個畫素都是自數十萬種顏色當中選出一色。現在數位相機拍出來的照片，都是幾百萬畫素，在這種時代，如果要一個畫素一個畫素的處理，實在很花時間。

所以我們將圖像分成九宮格，如果格內有一定程度的文字，就當成 1，幾乎沒有文字的格子，就當成 0，然後由左上至右下依序排列看看。

數字 1 的圖像導出的 0、1 排列資料，與數字 2 的圖像導出的看起來好像會不一樣。這麼一來，既可以像前幾節一樣分群，將 0、1 排列順序相當於數字 1 的分成 1 類，相當於數字 2 的分成 2 類時，也可以預測類別。

除了圖像之外，猛一看覺得複雜的資料，只要**掌握適當的結構、特徵**，就可以運用現有的資料探勘技術加以處理。處理複雜的資料時，最需要花費心思的，應該就是如何抽出符合目的的特徵吧。

舉例來說，為了保護安全而設的錄影監視系統，就有面貌專用的特徵抽出設計。第 7 章的自然語言處理，也是要有 know-how 才能掌握特徵的資料之一。

捕捉圖像特徵加以資料化

将寫有數字的圖像分群

①將圖像分成九宮格，如果是白色就填入 0，有黑色就填入 1

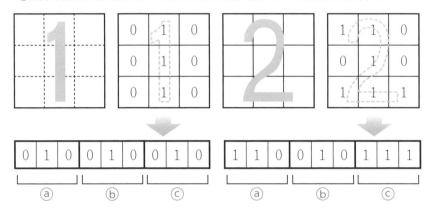

0	1	0	0	1	0	0	1	0

　　　ⓐ　　　　　ⓑ　　　　　ⓒ

1	1	0	0	1	0	1	1	1

　　　ⓐ　　　　　ⓑ　　　　　ⓒ

1 與 2 的ⓐ與ⓒ不同
➡ 可找出差異

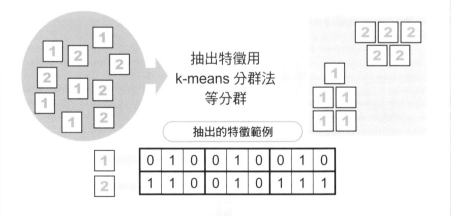

抽出特徵用
k-means 分群法
等分群

抽出的特徵範例

1	0	1	0	0	1	0	0	1	0

2	1	1	0	0	1	0	1	1	1

只要捕捉到結構與特徵，也可以處理複雜的資料

6章

統計的精髓！ 資料探勘之應用

學校考試能知道的事

對家有應考生的家長來說，可能很在意在校成績，或決定志願所需要的偏差值等。事實上，的確有很多家長很在意小孩的分數低於平均分數，甚至竭盡心血就為了提高偏差值。還有一些人會把考試成績當成對這個小孩人格的評價。

學校考試大多重視記憶力，以及是否能運用上課教的步驟與手法正確解題。舉例來說，像國語就看能不能寫出困難的中文或四字成語，數學就看能不能將數字代入公式求出正確解答等。

很多人應該都有這樣的經驗吧。為了應付考試，而背下考試可能會出的中外歷史人物或事件，還有理科的化學式等。不過考試並不能量測小孩子的感性或創造力、性格、社會判斷力等。

也就是說，考試頂多只能了解小孩子的一小部分，換言之，就是用來評價小孩子的考試基準是有偏誤的。要評價一個小孩子，除了學力之外，也必須評價其他能力才行。

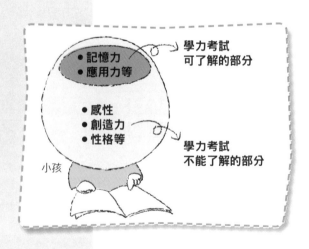

● 記憶力
● 應用力等

學力考試可了解的部分

● 感性
● 創造力
● 性格等

學力考試不能了解的部分

小孩

統計的精髓！
語言資料的統計學

7-1 語言資料的統計學

語言與統計學的交點

語言與統計學的交點

我們日常使用的語言中，有很多時刻可以套用統計學的概念。舉例來說，像單字常被用到的程度（「機率」或「統計」這兩個單字就常在本書中出現），或單字的呼應關係（例如日文「まったく」這個字後面，常會跟著否定的「ない」）等，就可以套用機率的觀念。

使用機率與統計的理論，究明語言性質的領域，就稱為**計算語言學**（computational linguistics），站在使用電腦的工程學角度來看，就稱為**自然語言處理**（natural language processing）。

日本人日常使用的日文等，都是源自大自然，隨著歷史演變至今。因此，我們把像日文等的語言，稱為**自然語言**，以便和程式語言等**人工語言**（artificial language）區別。

應用範疇

要用統計的方式來掌握自然語言，有很多應用範疇，例如日文假名漢字轉換、關鍵字分析、語音辨識、文件分類、摘要等。因為分析的對象是我們平常使用的語言文字，與我們切身相關，也很實用，所以現在是很吸引人的一個範疇。

本章會介紹自然語言處理的範疇中，一些和機率、統計比較有關的內容，或比較有趣的主題。語言資料的統計學內容，如果能引起各位讀者想進一步了解自然語言處理與機率、統計的興趣，那真是再好不過了。

語言與統計學的關係

用統計的概念來思考語言

單字常被用到的程度

單字的呼應
「まったく」＋「〜ない」
等

用電腦分析、處理語言資料 ➡ 自然語言處理

自然語言處理的應用範疇

假名漢字轉換

比較常被轉換的名詞會排在前面

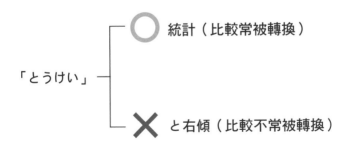

「とうけい」

◯ 統計（比較常被轉換）

✕ と右傾（比較不常被轉換）

語音辨識　　　### 文件分類　　　等

7-2 齊普夫定律① 定律的含義

出現頻率與順序的密切關係

什麼是齊普夫定律

單字的出現頻率與其順序之間，存在著知名的經驗法則，此即 Zipf（齊普夫）定律。

這個定律最早是由美國語言學家**齊普夫**（George Kingsley Zipf）發表在他的著作中，因此被稱為齊普夫定律。不過定律本身其實在齊普夫介紹以前就已經存在了，所以他並不是第一發現者。

定律的含義

首先依單字出現的頻率遞減排序。接著由 1 開始依序（也稱為等級）編號。如此一來，單字的出現頻率與順序之間，就有「出現頻率與順序之積為一常數」，或是「出現頻率與順序成反比關係」的關係，這就是齊普夫定律的含義。寫成公式如下：

$$順序 \times 出現頻率 \fallingdotseq 常數（一定）$$

或者是

$$出現頻率 \fallingdotseq \frac{常數}{順序}$$

換言之，如果以出現頻率為縱軸，順序為橫軸，就可畫出如右頁圖般成反比的曲線，這就是齊普夫定律。

下一節我們就來看看，這個定律實際上可以用在什麼樣的場合。

表現單字頻率與順序關係的齊普夫定律

齊普夫定律 有關單字出現頻率與順序的關係

①依單字出現的頻率遞減排序

統計書的單字出現頻率

順序	單字	出現頻率
1	統計	120
2	機率	102
3	平均數	72
4	變異數	45

②繪製圖表

出現頻率與順序成反比

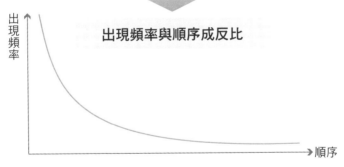

● 順序 × 出現頻率 ≒ 常數　　　　或

● 出現頻率 ≒ $\dfrac{常數}{順序}$（出現頻率與順序成反比）

齊普夫定律② 使用定律計算

試試看齊普夫定律

以實際資料做確認

我想許多讀者都知道宮澤賢治的名著《銀河鐵道之夜》。本節就利用這本著作,來確認齊普夫定律有關單字出現頻率與順序的關係。

《銀河鐵道之夜》是宮澤賢治最好的文學作品之一,文章中隨處可見優美的文學表現。手邊沒有這本書的人,也可在青空文庫(http://www.aozora.gr.jp/)這座網路圖書館免費閱讀,請務必欣賞一下這本傑出的文學著作。

計算單字出現頻率與順序的關係

我們將《銀河鐵道之夜》文章中出現的單字整理出來,計算每一個單字的出現頻率,結果如右頁上表所示。最常出現的是「的」「。」「、」等常用助詞與標點符號,可以看得出來隨著順序越往下,單字的出現頻率也急劇減少。

用圖來表現這個結果,即如右頁下圖所示。看圖的形狀可知,順序排得越後面,出現頻率就越小,呈反比關係。看圖即可確認齊普夫定律。

這樣的圖形因為很像一頭尾巴(tail)很長(long)的恐龍,所以被稱為**長尾**。

齊普夫定律不只描述單字出現頻率與順序的關係,也適用在都市人口、地震規模、人類姓氏、商品銷售等各種社會現象。

○ 用《銀河鐵道之夜》計算單字出現頻率與順序 ○

① 整理出文章中出現的單字，計算每一個單字的出現頻率

順序	單字	出現頻率	順序 × 出現頻率
1	的	1417	1417
2	、	1337	2674
3	是	1022	3066
10	我	492	4920
20	喬凡尼	201	4020
32	康佩內拉	111	3552
64	汽車	45	2880
501	不可思議	5	2505
1328	天蠍座	1	1328

順序 × 出現頻率就算不是一定的值，但值的位數（4）是一定的

順序越往下，出現頻率就急劇減少

② 用圖表現

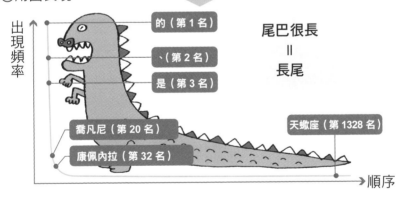

尾巴很長
＝
長尾

齊普夫定律不只描述單字出現頻率與順序的關係，
也適用在都市人口、地震規模、商品銷售等

7章

統計的精髓！ 語言資料的統計學

7-4 資訊量① 資訊量的測量法與圖表化

因發生機率而異的資訊量

資訊量如何測量

那麼資訊的量（大小）要如何測量呢？舉例來說，假設今天是 12 月 31 日。如果今天得到「明天是元旦」這個資訊，因為這是理所當然的事，所以沒有什麼價值。

接著假設你參加了大學入學考。在放榜前心裡都很不安吧。在這種情形下，如果得到「合格通知」的資訊，心中的不安立即一掃而空，應該會覺得這個資訊非常有價值（在此我們就先不考慮不合格的情況吧……）。

人們對不確定事件的結果，如果能取得相關資訊，就可以消除不確定的狀況（因資訊不明確而不安），會有一種得到了重要資訊的感受。

資訊量圖表

知道人們對資訊的感受後，就可以了解如果發生理所當然的事（發生機率 100%），會認為取得的資訊量為 0，發生的事件越不確定（發生的機率低），就會認為取得的資訊量越龐大。換句話說，資訊量就有如右頁的圖形。

事實上，有一個函數可以用來描述這種外形的圖，就是以下的函數：

$$f(x) = -\log x$$

請確認當機率在 1（100% 確定的事件）時，值為 0；機率越趨近 0（不確定的現象），值就會越大。

用圖形表示資訊量的大小

資訊量的大小

理所當然的事	不太會發生、不確定的事
今天是 12 月 31 日	考大學入學考

| 明天是 1 月 1 日　不覺得取得了資訊 | 合格了！　覺得取得了重大的資訊 |

資訊量的圖形

資訊量的大小

資訊量的大小與發生機率成反比

理所當然的事件（100% 確定的事實）
資訊量為 0

發生的機率

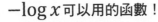

$-\log x$ 可以用的函數！

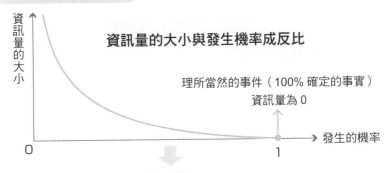

$f(x)$

不確定的事件
資訊量大

確定的事件
資訊量小

$-\log x$

x

7-5 資訊量② 資訊量的定義

使用函數計算資訊量

薛農的資訊量

前一節我們說明過，資訊量可以用函數 $\log x$ 來定義。接著就實際來看看使用函數的定義吧。

利用事件 E 與機率 $P(E)$，可以定義資訊量 I 如下：

$$I(E) = \log_2 P(E)$$

請注意 log 的底為 2。此外，資訊量的單位稱為**位元**（bit）。因為發現這個定義的人是薛農（Claude Elwood Shannon），所以也稱為**薛農的資訊量**。

試著計算資訊量吧！

為了讓大家深入了解，接下來就來計算幾個資訊量看看。舉例來說，像是擲銅板時，出現正、反面的機率都是 $\frac{1}{2}$，所以根據定義，這種事件的資訊量就是：

$$I（正面）= -\log_2 \left(\frac{1}{2}\right) = 1 位元$$

$$I（反面）= -\log_2 \left(\frac{1}{2}\right) = 1 位元$$

同樣的，中了中獎機率 $\frac{1}{1024}$ 的彩券，這種事件的資訊量就是：

$$I（中獎）= -\log_2 \left(\frac{1}{1024}\right) = 10 位元$$

不確定性越高（機率越小），資訊量就越大，大家可以確認看看。

定義並計算資訊量

薛農的資訊量

資訊量是機率的函數

$$I(E) = \log_2 P(E)$$

⬇

資訊量可以進行數學處理

計算資訊量

擲銅板

出現正反面的機率各為 $\frac{1}{2}$

$$I（正面）= -\log_2 \left(\frac{1}{2}\right) = 1 位元$$

$$I（反面）= -\log_2 \left(\frac{1}{2}\right) = 1 位元$$

彩券

中獎機率為 $\frac{1}{1024}$

$$I（中獎）= -\log_2 \left(\frac{1}{1024}\right) = 10 位元$$

擲銅板 小	彩券 大
出現機率高,所以可以取得的資訊量較小	中獎機率低,所以可以取得的資訊量較大

<

7-6 熵① 全體資訊源的不確定性

求出資訊源產生的平均值

什麼是熵

資訊量是針對一個事件（資訊）定義的量，可使用函數計算。而要測量資訊源全體不確定性的量，就使用**熵**（entropy）。

舉例來說，把擲骰子當成一個資訊源時，這個資訊源會發生1點到6點的事件。熵就是用來測量擲骰子的資訊源全體，有多少不確定性。

熵的定義

機率變數 X 可能的值為 $\{ x_1, x_2, \cdots x_n \}$ 時，機率變數 X 的熵值 $H(X)$，定義如以下公式：

$$H(X) = -\sum_{i=1}^{n} P(x_i) \log_2 P(x_i)$$

而 $\sum_{i=1}^{n} P(x_i)$ 是所有事件的和，所以是 1。

這個公式顯示的是，針對各事件 x_i 的資訊量 $-\log_2(x_i)$，個別乘以發生機率 $P(x_i)$ 後，再予以加總。

仔細看看熵的定義，有沒有發現它和期望值（平均數）的定義公式 $E(X) = \sum_{i=1}^{n} x_i P(x_i)$ （請參閱 74 頁）很像呢？

熵這個名詞乍看之下好像很難，其實就是資訊源會發生的事件之全部資訊量的平均數。這樣看來，其實應該也不是太難的概念啦。

資訊量全體有多少不確定性

熵	資訊源全體不確定性的程度

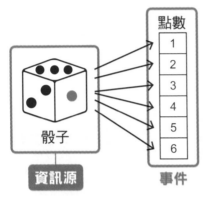

資訊源全體有多少不確定性？
＝
熵

熵的定義

$$H(X) = -\sum_{i=1}^{n} P(x_i) \log_2 P(x_i)$$

資訊源　　　　　　　　　　　事件

$$\left(惟 \sum_{i=1}^{n} P(x_i) = 1\right)$$

這和期望值的定義公式（74頁）相似

＝

資訊源會發生的事件之全部資訊量的平均數

熵② 計算與性質

計算求出不確定性

擲骰子的熵

把熵的公式記在腦中，讓我們用擲骰子的例子，來計算一下熵。擲一次骰子可能出現的點數有 1 ～ 6 點六種，每種出現的機率各為 $\frac{1}{6}$。

換句話說，就是 $X = \{1, 2, 3, 4, 5, 6\}$，$P(1) = P(2) = P(3) = P(4) = P(5) = P(6) = \frac{1}{6}$。根據定義計算熵值，就會得到 $H(X) = 2.585$ 的結果。可知擲骰子這個事件，全體平均有 2.585 位元的不確定性。

接下來我們來看擲另一個骰子的結果。這個骰子有點歪斜，所以它的點數出現機率是：

$$P(1) = \frac{8}{16}, P(2) = \frac{2}{16}, P(3) = \frac{2}{16}, P(4) = \frac{2}{16}, P(5) = \frac{1}{16}, P(6) = \frac{1}{16}$$

（由 $P(1)$ 到 $P(6)$ 的和是 1）。

同樣計算熵，得到 $H(X) = 2.125$ 的結果。和一般的骰子相比，它的熵值比較小吧。

這可說是因為事件的機率不均時，不確定性會降低造成的。

一般的骰子我們只知點數出現的機率都是 $\frac{1}{6}$，所以不知會出現哪一個點數，但這枚歪斜的骰子就可以知道有 $\frac{1}{2}$ 的機率會出現 1 點。

也就是說，因為可以賭有 50% 的機率會出現 1 點，所以不確定性減少了。

以擲骰子為例來計算熵

計算擲骰子的熵

$X = \{1,2,3,4,5,6\}$ 骰子出現的點數（機率變數）

$P(1) = P(2) = P(3) = P(4) = P(5) = P(6) = \dfrac{1}{6}$

$$H\underline{(X)} = -\sum_{i=1}^{6} P(x_i) \log_2 P(x_i)$$

擲骰子

$$-\{P(x_1)\log_2 P(x_1) + \cdots + P(x_6)\log_2 P(x_6)\}$$

$$= -\left\{\frac{1}{6}\log_2\frac{1}{6} + \cdots + \frac{1}{6}\log_2\frac{1}{6}\right\} = 2.585$$

擲歪斜的骰子的熵

$$H\underline{(X)} = -\sum_{i=1}^{6} P(x_i) \log_2 P(x_i)$$

擲歪斜的骰子

$$= -\left\{\frac{8}{16}\log_2\frac{8}{16} + \cdots + \frac{1}{16}\log_2\frac{1}{16}\right\}$$

2.585 **>** **2.125**

一般的
骰子的
熵

歪斜的
骰子的
熵

一般的骰子
不確定性較高

機率論語言模型入門

用機率掌握語言的機制

什麼是機率論語言模型

我們可以用機率來掌握人類的說話現象。

舉例來說，我們來假想一下早上碰到同事，要打招呼的場合吧。此時我們可以用機率來表示說話的種類，例如「早安」的機率是 70%，「今天天氣很好耶」的機率是 10%，「最近好嗎？」的機率是 20% 等。

當然站在說話者的立場來看，只是考慮到周圍的情境，來選擇所說的話而已（不會在下雨天說「今天天氣很好耶」），這裡我們暫時先不考慮影響說話的周圍情境，把情境單純化。

將語言發生的機制，以句子、單字、字串等**發生的機率**表示的模型，就是所謂的**機率論語言模型**（language model，或簡稱**語言模型**）。

現在我們可以經由網際網路獲得大規模的文字資料（text data），例如報紙記事的電子資料 DVD 或部落格文章等。用電腦程式處理取得的文字資料，就可計算出句子、單字、字串的出現機率，建構機率論語言模型。而報紙記事與網路文章等的例文集就稱為**語料庫**（corpus）。

機率論語言模型雖然只用機率來建構人類說話機制的模型，是很大膽的單純化模型，卻能有效的將很多語言現象理論化。

下一節起我們會深入了解機率論語言模型。

用機率掌握人類的說話機制

機率論語言模型 用句子或單字等的發生機率，來表示語言的發生機制

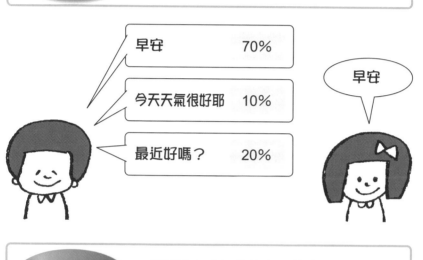

早安	70%
今天天氣很好耶	10%
最近好嗎？	20%

早安

文集 報紙記事或部落格文章等之語言研究用例文集

報紙記事　　　　部落格文章　　等

用電腦程式解析語料庫，可建構機率論語言模型

N-gram 語言模型① Shannon Gam

單純又有力的機率論語言模型

Shannon Game

下面句子的空白處，應填入什麼詞呢？

我拿蘋果要_____。

因為是受詞蘋果的動詞，很多人都會填入「吃」或「啃」等的單字吧。

像這種只有一半的句子，要預測下一個單字的問題，就稱為 Shannon Game。這個遊戲的名稱是來自資訊理論的創始人薛農。

就像蘋果的例子，要預測空白處的單字時，先觀測前幾個單字是很有效的。在此我們假設某個單字的出現機率，只和前（N－1）個單字有關。

奠基在這種假設上的語言模型，就被稱為 **N-gram 語言模型**（語句結構平行模型）。N-gram 係代表單字的連接數，「N」的部分會代入具體的數字。

舉例來說，連接兩個單字時稱為 **2-gram**（bi-gram），連接三個單字時就稱為 **3-gram**（tri-gram）。

N-gram 語言模型做了一個大膽的單純化假設，亦即「某個單字的出現機率，只和前（N－1）個單字有關」。當然，的確有這個模型無法解析的語言現象，不過因為它很單純，容易建構理論，也能做為套裝的電腦程式，是很方便的語言模型。

Shannon Game：預測接下來的單字

| Shannon Game | 句子只寫到一半時，預測接下來會出現的單字 |

我拿蘋果要 [＿＿＿＿＿＿＿＿＿＿＿＿]。

吃
啃
⋮

大概可以預測
接下來會出現
的單字

| N-gram 語言模型 | 某個單字的出現機率，只和前（N－1）個單字有關 |

3-gram（tri-gram）模型的想法

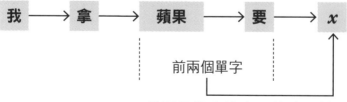

我 ⟶ 拿 ⟶ 蘋果 ⟶ 要 ⟶ x

前兩個單字

前兩個單字決定 x 的出現機率（3-gram 模型）

使用 2-gram 語言模型的單字出現機率

N-gram 語言模型

接著我們再深入來理解「某個單字的出現機率，只和前（N－1）個單字有關」的 N-gram 的想法。在此我們用最簡單的 2-gram 語言模型來思考單字的出現機率。

我們再由《銀河鐵道之夜》中選出題材，列舉出具體的問題，用 2-gram 語言模型，來求出字串「和、康佩內拉、一起、來、學習」的出現機率。

2-gram 語言模型可利用 1-gram 機率、2-gram 機率，將字串「和、康佩內拉、一起、來、學習」展開如下。

P（和、康佩內拉、一起、來、學習）=P（和）P（康佩內拉｜和）P（一起｜康佩內拉）P（來｜一起）P（學習｜來）

這個公式是代表首先出現「和」（這個機率以 P（和）呈現）、「和」出現後出現「康佩內拉」（這個機率以 P（康佩內拉｜和）呈現）、「康佩內拉」出現後出現「一起」……的連續狀況。而 P（康佩內拉｜和）與 P（一起｜康佩內拉）等是包含「某個單字出現後」的條件在內，所以稱為**條件機率**。

以上就是使用 2-gram 語言模型的字串出現機率公式的含義。其次必要的就是 P（和）與 P（康佩內拉｜和）等的具體計算方法了。

用 N-gram 語言模型求出字串的出現機率

N-gram 語言模型

某個單字的出現機率，只和前（N－1）個單字有關

2-gram 語言模型（bi-gram model）

某個單字的出現機率，只和前（N－1）個單字有關

問題 用 2-gram 語言模型求出字串「和、康佩內拉、一起、來、學習」的出現機率 P（和、康佩內拉、一起、來、學習）

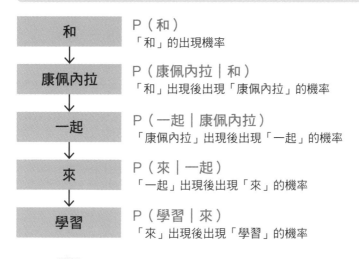

P（和）
「和」的出現機率

P（康佩內拉｜和）
「和」出現後出現「康佩內拉」的機率

P（一起｜康佩內拉）
「康佩內拉」出現後出現「一起」的機率

P（來｜一起）
「一起」出現後出現「來」的機率

P（學習｜來）
「來」出現後出現「學習」的機率

連續發生，所以只要把所有的機率相乘即可

P（和、康佩內拉、一起、來、學習）
=P（和）×P（康佩內拉｜和）×P（一起｜康佩內拉）×P（來｜一起）×P（學習｜來）

計算字串的出現機率

字串出現機率的計算方法

要用 2-gram 語言模型求出 P（和、康佩內拉、一起、來、學習），就必須計算 1-gram 機率 P（和）與 2-gram 機率 P（康佩內拉｜和）等。

首先，1-gram 機率 $P(w_i)$ 是單字 w_i 的出現機率，由語料庫將單字集中（假設總單字數為 N），可用以下公式進行估計。

而 $C(w_i)$ 則表示字串 w_i 在語料庫中的出現頻率。

$$P(w_i) = \frac{C(w_i)}{N} \quad \begin{matrix} \cdots 單字 w_i 的頻率 \\ \cdots 總字數 \end{matrix}$$

至於 2-gram 機率 $P(w_i|w_{i-1})$，則是單字 w_{i-1} 之後出現 w_i 的機率，所以可以用以下公式計算：

$$P(w_i|w_{i-1}) = \frac{C(w_{i-1}, w_i)}{C(w_{i-1})} \quad \begin{matrix} \cdots 字串 w_{i-1} w_i 的頻率 \\ \cdots 單字 w_i 的頻率 \end{matrix}$$

根據上述定義，用筆者的程式來解析《銀河鐵道之夜》，結果總單字數、1-gram、2-gram 的頻率如右頁表。

將解析結果代入求 1-gram 機率、2-gram 機率的公式中，就可以求出 P（和）、P（康佩內拉｜和）、P（一起｜康佩內拉）、P（來｜一起）、P（學習｜來）的所有機率。

將求出的所有 1-gram、2-gram 相乘之後，就可以求出 P（和、康佩內拉、一起、來、學習）也就是此字串出現機率等於 1.96×10^{-8}。

計算 1-gram、2-gram 機率

解析《銀河鐵道之夜》

1-gram（單字）	頻率
和	111
康佩內拉	396
一起	21
來	902
學習	2

2-gram（字串）	頻率
和康佩內拉	8
康佩內拉一起	13
一起來	18
來學習	2

總單字數 =25456

P（和）=111÷25456 ≒ 0.004
P（康佩內拉｜和）=8÷111 ≒ 0.07
P（一起｜康佩內拉）=13÷396 ≒ 0.03
P（來｜一起）=18÷21 ≒ 0.86
P（學習｜來）=2÷902 ≒ 0.002

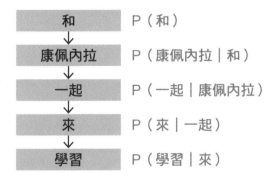

和	P（和）
康佩內拉	P（康佩內拉｜和）
一起	P（一起｜康佩內拉）
來	P（來｜一起）
學習	P（學習｜來）

P（和、康佩內拉、一起、來、學習）
=P（和）×P（康佩內拉｜和）×P（一起｜康佩內拉）
×P（來｜一起）×P（學習｜來）
=0.004×0.07×0.03×0.86×0.002
=1.96×10^{-8}

語言熵

測量語言複雜性的指標

複雜度

利用 N-gram 語言模型，可計算字串的出現機率。接著我們將語言 L 做為讓字串發生的資訊源，定義語言 L 的**熵** $H(L)$ 為以下公式：

$$H(L) = - \sum_{\substack{\text{長度 } n \\ \text{的字串}}} P(w_{1,\cdots,}w_n) \log_2 P(w_{1,\cdots,}w_n)$$

我們可以用 N-gram 語言模型，來計算這個公式中字串的出現機率 $P(w_{1,\cdots,}w_n)$。實際計算時常使用 2-gram 與 3-gram。每個單字的熵則是用 $H(L)$ 除以字串的長度 n，定義如下：

$$H_1(L) = - \sum_{\substack{\text{長度 } n \\ \text{的字串}}} \frac{1}{n} P(w_{1,\cdots,}w_n) \log_2 P(w_{1,\cdots,}w_n)$$

我們可以把 $H(L)$ 當成是特定語言 L 出現的單字時，必要的資訊量。這代表各單字之後，可能接續平均 $2^{H_1(L)}$ 種的單字。

這個數值就稱為**複雜度**（perplexity），定義如下：

$$複雜度 = 2^{H_1(L)}$$

複雜度越高的語言，特定單字所必要的資訊量就越多，也就是語言本身很複雜。

此外，人類讀寫的語言的複雜度，據說大概是 100 左右。

表示語言複雜程度的複雜度

語言的熵　　將語言做為讓字串發生的資訊源

將語言 L 做為讓字串發生的資訊源，
定義語言 L 的熵 $H(L)$ 如下

$$H(L) = - \sum_{\substack{\text{長度 } n \\ \text{的字串}}} P(w_{1,...,w_n}) \log_2 P(w_{1,...,w_n})$$

每一個單字的熵

$$H_1(L) = - \sum_{\substack{\text{長度 } n \\ \text{的字串}}} \frac{1}{n} P(w_{1,...,w_n}) \log_2 P(w_{1,...,w_n})$$

利用 N-gram 語言模型（2-gram 或 3-gram）計算出語言 L 的熵 $P(w_{1,...,w_n})$
，再除以字串長度 n

複雜度　　此數值越高，語言就越複雜

代表各單字之後
平均可能連接幾個單字的指標

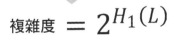

$$\text{複雜度} = 2^{H_1(L)}$$

● 複雜度越高，語言就越複雜
● 人類讀寫的語言的複雜度，據說大概是 100 左右

7-13 聊天機器人① 會話程式

人類的對話機制

聊天機器人命名的由來

聊天機器人（Chatterbot）是指在網路留言板或聊天室等，和人對話的程式。也有人稱為對談軟體、Chatbot、自動化聊天室程式。

相對於對人類有助益的人工智慧，如回答問題、專家系統（在特定領域可做出近乎專家的判斷的**人工智慧**）等，聊天機器人只能做簡單的會話，沒什麼實質的幫助，所以日文將之命名為「人工無腦」。

然而最近也有將聊天機器人應用在互動式廣告領域等的趨勢，所以也不能以偏概全地認為它不能提供實質的幫助。

有興趣的人可以用「聊天機器人」這個關鍵字在網路上搜尋看看，應該會出現很多資訊。建議你選一個看起來很有趣的，實際和它聊聊看。有些聊天機器人會有讓人不覺得是程式的妙答，可是會讓人笑破肚皮的。

我們先不管開發可以像人類一樣說話、對話的程式，到底有沒有用，但它是一個有夢的主題。這個主題的未來課題，就是要闡明人類的說話、對話，與人類會覺得有趣的對話機制。

要闡明人類的說話、對話機制，做成套裝程式，就必須有理論基礎。而做為這種理論基礎的，正是前一節說明的 N-gram 等機率論語言模型。

人工智慧與聊天機器人

聊天機器人 可和人類對話的程式。不像人工智慧那麼有用

↕

人工智慧 在回答問題或特定領域可做出近乎專家的判斷

聊天機器人示意圖

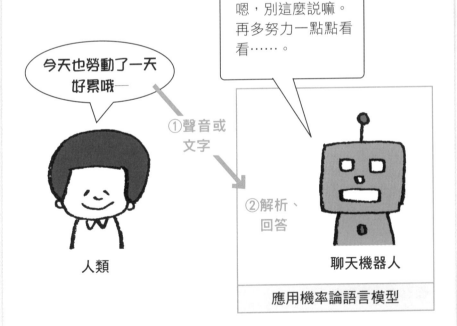

今天也勞動了一天好累哦──

①聲音或文字

嗯，別這麼説嘛。再多努力一點點看看……。

②解析、回答

人類

聊天機器人

應用機率論語言模型

要讓程式產生語言文字

試著應用 N-gram 語言模型

要讓程式產生語言，可以應用前一節學到的 N-gram 語言模型。

某個時間點的出現機率，會受到出現前剛發生的事件影響時，這種關聯就稱為**馬可夫鏈**（Markov chain）。

如右頁表的馬可夫鏈代入聊天機器人時，由開始到結束，只要順著箭頭一個一個選下去，就可完成一個句子。如果選擇右圖的路徑，就會出現以下句子。

我是被設計的電腦程式。
你的興趣是？

當然必須有能因應人類的發言，產生適當句子的程式。像這樣的馬可夫鏈，只要有對話語料庫，就可以自動建構出來。

也可以由單字出現的頻率求出各自的遞移機率（transition probability），來展開句子產生的可能性。N-gram 語言模型可以像這樣應用在聊天機器人中。

人類會因說話當時的感情而改變發言。也有能因應人類發言，讓感情變化的聊天機器人（受到稱讚就會高興等）。

而且還可以因應感情的程度，產生適當的句子。除了依機率產生句子之外，還複合導入感情等發話機制，讓聊天機器人更能像真人一樣對話。

用馬可夫鏈產生句子

馬可夫鏈 某個時間點的出現機率，會受到出現前剛發生的事件影響之關聯性

馬可夫鏈示意圖

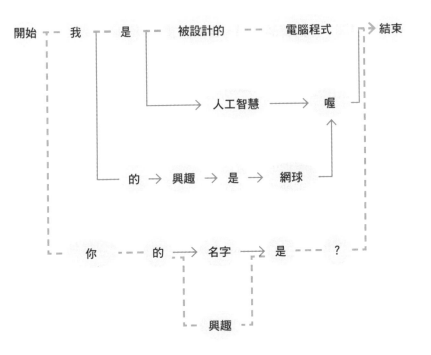

產生句子

我是被設計的電腦程式。
你的興趣是？

7-15 語言資料的統計學彙總

為了進一步學習

學習步驟

本章花了 14 節說明語言與統計學的交點。由齊普夫定律到聊天機器人，內容十分豐富吧。

在最後一節，我們要為讀了本書之後，想深入了解語言與統計學的學問，如**計算語言學**、**自然語言處理**領域的讀者，介紹一些參考線索。

要進一步學習機率、統計與自然語言處理，就要學習以下內容。

●編程（選一種喜歡的程式語言）
●自然語言處理的技術
●數學：高等機率、統計論

首先，選擇一種程式語言，學會寫程式吧。學會寫程式後，就可以命令電腦計算各種機率、統計，一下就可以得到結果。能用電腦程式驗證理論，學習的速度就可以突飛猛進。

然後要視需要，學習各種自然語言處理的技術理論、高等機率、統計論（這會需要多變量的微積分或線性代數的知識，一併學起來吧）。這樣就可以有效率地學習。具體的參考書籍請參閱本書最後的參考文獻。

最後要重複本章一開頭說的，如果本章機率、統計、自然語言處理、編程等內容，能引發讀者進一步學習的動機，那就是筆者至高無上的榮耀了。

進一步學習語言學與統計學

語言學與統計學的交點

語言學　統計學

自然語言處理、計算語言學

要進一步學習的話

編程

寫程式驗證
理論

自然語言
處理技術

高等機率、
統計論

視需要一步一步地學習

也要一併學習多變量的微積分、
線性代數等

平均時速幾公里？

計算平均值時，有時會在不知不覺中計算錯誤。比方說平均速度。

讓我們以開車到某地為例。假設去程的平均時速是 60km/h，回程是 40km/h。此時，來回的平均時速到底是多少 km/h 呢？

要算出平均值，只要將去程與回程的平均時速相加，再除以 2，也就是（60km/h ＋ 40km/h）÷2 ＝ 50km/h，可能很多人就會認為平均時速是「50km/h」。

不過這是錯的。要算出平均速度，就必須計算「到目的地為止的距離」與「花費的時間」。舉例來說，假設到目的地為止的距離是 300km 時，去程就花了 300km÷60km/h ＝ 5 小時。

另一方面，回程則要花 300km÷40km/h ＝ 7.5 小時。到目的地為止的來回距離為去程 300km+ 回程 300km=600km，而所花費的時間則為 5 小時 +7.5 小時 =12.5 小時，所以來回的平均速度應該是 600km÷12.5km/h ＝ 48km/h。

去程
時速 60km/h

回程
時速 40km/h

來回的平均速度是？

請記起來！
符號 & 公式、圖表

本書中使用的符號一覽表

記號	意味
μ	母體平均數
$\overline{x}$	樣本平均數
σ^2	母體變異數
σ	母體標準差
s^2	樣本變異數
s	樣本標準差
$\hat{\sigma}^2$	不偏變異數
n	樣本數
$E(X)$	機率變數 X 的期望值
$N(\mu, \sigma^2)$	常態分配
$N(0, 1)$	標準常態分配
$[z_1, z_2]$	$z_1 \leqq x \leqq z_2$ 的區間
(z_1, z_2)	$z_1 < x < z_2$ 的區間

機率統計的基本公式與圖表

平均數

$$\mu = \frac{1}{n}\sum_{i=1}^{n} x_i$$

由母體算出的是母體平均數，由樣本（母體的一部分）算出的是樣本平均數。

母體變異數

$$\sigma^2 = \frac{1}{n}\sum_{i=1}^{n}(x_i - \mu)^2$$

表示資料分散程度的統計量。

母體標準差

$$\sigma = \sqrt{\frac{1}{n}\sum_{i=1}^{n}(x_i - \mu)^2}$$

將變異數開根號即為標準差。

附錄

樣本變異數

$$s^2 = \sum_{i=1}^{n}\frac{(x_i - \bar{x})^2}{n}$$

表示觀測的樣本與平均數間的差異

不偏變異數

$$\hat{\sigma}^2 = \frac{n}{n-1}s^2$$

樣本變異數有比母體變異數小的的趨勢（偏誤）。為了消除此種偏誤，乘上係數 $\frac{n}{n-1}$。

機率統計的基本公式與圖表

期望值

$$E(X) = \sum_{i=1}^{n} x_i P(x_i)$$

這是機率變數的值與機率相乘後，加總而得的值。是以機率分配為前提，求出平均數的方法。

資訊量

$$I(E) = -\log_2 P(E)$$

以 log 定義事件 E 的資訊量 $I(E)$。$P(E)$ 為事件 E 發生的機率。單位為位元。另外請注意 log 的底為 2。

熵

$$H(X) = -\sum_{i=1}^{n} P(x_i) \log_2 P(x_i)$$

表示將機率變數視為資訊源時，資訊源全體會發生之資訊量的平均。

常態分配

$$P(X = x) = \frac{1}{\sqrt{2\pi\sigma^2}} \exp\left[-\frac{(x-\mu)^2}{2\sigma^2}\right]$$

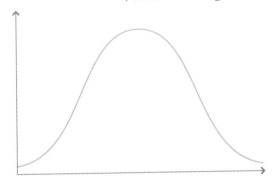

$\exp(x)$ 和 e^x 意思一樣，只是另一種記述方法。
e 是常數，為 2.71828…。

標準常態分配

$$P(X = x) = \frac{1}{\sqrt{2\pi}} \exp\left[-\frac{x^2}{2}\right]$$

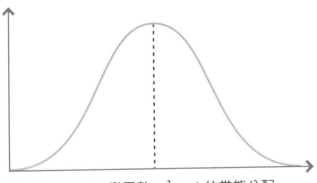

平均數 $\mu = 0$、變異數 $\sigma^2 = 1$ 的常態分配。

機率統計的基本公式與圖表

二項分配

$$P(X = x) = {}_nC_x p^x (1 - p)^{n-x}$$

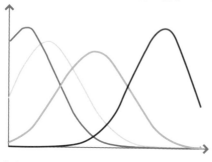

像擲銅板等這種兩個事件（A, B）的機率分配。如果事件 A 發生的機率為 P，則事件 B 的發生機率為 1- P。

Poisson 分配

$$P(X = x) = \frac{\mu^x}{x!} e^{-\mu}$$

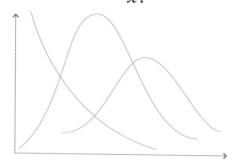

在二項分配中，當機率 P 非常小時，可用 Poisson 分配逼近。利用來解決機械故障或排隊的問題等。

常態分配表

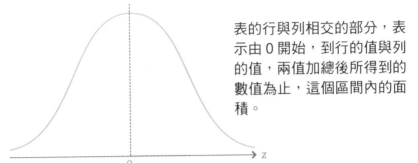

表的行與列相交的部分，表示由 0 開始，到行的值與列的值，兩值加總後所得到的數值為止，這個區間內的面積。

Z	0.00	0.01	0.02	0.03	0.04	0.05	0.06	0.07	0.08	0.09
0.0	0.0000	0.0040	0.0080	0.0120	0.0160	0.0199	0.0239	0.0279	0.0319	0.0359
0.1	0.0398	0.0438	0.0478	0.0517	0.0557	0.0596	0.0636	0.0675	0.0714	0.0753
0.2	0.0793	0.0832	0.0871	0.0910	0.0948	0.0987	0.1026	0.1064	0.1103	0.1141
0.3	0.1179	0.1217	0.1255	0.1293	0.1331	0.1368	0.1406	0.1443	0.1480	0.1517
0.4	0.1554	0.1591	0.1628	0.1664	0.1700	0.1736	0.1772	0.1808	0.1844	0.1879
0.5	0.1915	0.1950	0.1985	0.2019	0.2054	0.2088	0.2123	0.2157	0.2190	0.2224
0.6	0.2257	0.2291	0.2324	0.2357	0.2389	0.2422	0.2454	0.2486	0.2517	0.2549
0.7	0.2580	0.2611	0.2642	0.2673	0.2704	0.2734	0.2764	0.2794	0.2823	0.2852
0.8	0.2881	0.2910	0.2939	0.2967	0.2995	0.3023	0.3051	0.3079	0.3106	0.3133
0.9	0.3159	0.3186	0.3212	0.3238	0.3264	0.3289	0.3315	0.3340	0.3365	0.3389
1.0	0.3413	0.3438	0.3461	0.3485	0.3508	0.3531	0.3554	0.3577	0.3599	0.3621
1.1	0.3643	0.3665	0.3686	0.3708	0.3729	0.3749	0.3770	0.3790	0.3810	0.3830
1.2	0.3849	0.3869	0.3888	0.3907	0.3925	0.3944	0.3962	0.3980	0.3997	0.4015
1.3	0.4032	0.4049	0.4066	0.4082	0.4099	0.4115	0.4131	0.4147	0.4162	0.4177
1.4	0.4192	0.4207	0.4222	0.4236	0.4251	0.4265	0.4279	0.4292	0.4306	0.4319
1.5	0.4332	0.4345	0.4357	0.4370	0.4382	0.4394	0.4406	0.4418	0.4429	0.4441
1.6	0.4452	0.4463	0.4474	0.4484	0.4495	0.4505	0.4515	0.4525	0.4535	0.4545
1.7	0.4554	0.4564	0.4573	0.4582	0.4591	0.4599	0.4608	0.4616	0.4625	0.4633
1.8	0.4641	0.4649	0.4656	0.4664	0.4671	0.4678	0.4686	0.4693	0.4699	0.4706
1.9	0.4713	0.4719	0.4726	0.4732	0.4738	0.4744	0.4750	0.4756	0.4761	0.4767
2.0	0.4773	0.4778	0.4783	0.4788	0.4793	0.4798	0.4803	0.4808	0.4812	0.4817
2.1	0.4821	0.4826	0.4830	0.4834	0.4838	0.4842	0.4846	0.4850	0.4854	0.4857
2.2	0.4861	0.4864	0.4868	0.4871	0.4875	0.4878	0.4881	0.4884	0.4887	0.4890
2.3	0.4893	0.4896	0.4898	0.4901	0.4904	0.4906	0.4909	0.4911	0.4913	0.4916
2.4	0.4918	0.4920	0.4922	0.4925	0.4927	0.4929	0.4931	0.4932	0.4934	0.4936
2.5	0.4938	0.4940	0.4941	0.4943	0.4945	0.4946	0.4948	0.4949	0.4951	0.4952
2.6	0.4953	0.4955	0.4956	0.4957	0.4959	0.4960	0.4961	0.4962	0.4963	0.4964
2.7	0.4965	0.4966	0.4967	0.4968	0.4969	0.4970	0.4971	0.4972	0.4973	0.4974
2.8	0.4974	0.4975	0.4976	0.4977	0.4977	0.4978	0.4979	0.4979	0.4980	0.4981
2.9	0.4981	0.4983	0.4982	0.4983	0.4984	0.4984	0.4985	0.4985	0.4986	0.4986
3.0	0.4987	0.4987	0.4987	0.4988	0.4988	0.4989	0.4989	0.4989	0.4990	0.4990

附錄

t 分配表

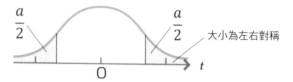

大小為左右對稱

a 自由度	0.50	0.20	0.10	0.05	0.02	0.01	0.001
1	1.000	3.078	6.314	12.706	31.821	63.657	636.619
2	0.816	1.886	2.920	4.303	6.965	9.925	31.598
3	0.756	1.638	2.353	3.182	4.541	5.841	12.941
4	0.741	1.533	2.132	2.776	3.747	4.604	8.610
5	0.727	1.476	2.015	2.571	3.365	4.032	6.869
6	0.718	1.440	1.943	2.447	3.143	3.707	5.959
7	0.711	1.415	1.895	2.365	2.998	3.499	5.405
8	0.706	1.397	1.860	2.306	2.896	3.355	5.041
9	0.703	1.383	1.833	2.262	2.821	3.250	4.781
10	0.700	1.372	1.812	2.228	2.764	3.169	4.587
11	0.697	1.363	1.796	2.201	2.718	3.106	4.437
12	0.695	1.356	1.782	2.179	2.681	3.055	4.318
13	0.694	1.350	1.771	2.160	2.650	3.012	4.221
14	0.692	1.345	1.761	2.145	2.624	2.977	4.140
15	0.691	1.341	1.753	2.131	2.602	2.947	4.073
16	0.690	1.337	1.746	2.120	2.583	2.921	4.015
17	0.689	1.333	1.740	2.110	2.567	2.898	3.965
18	0.688	1.330	1.734	2.101	2.552	2.878	3.922
19	0.688	1.328	1.729	2.093	2.539	2.861	3.883
20	0.687	1.325	1.725	2.086	2.528	2.845	3.850
21	0.686	1.323	1.721	2.080	2.518	2.831	3.819
22	0.686	1.321	1.717	2.074	2.508	2.819	3.792
23	0.685	1.319	1.714	2.069	2.500	2.807	3.767
24	0.685	1.318	1.711	2.064	2.492	2.797	3.745
25	0.684	1.316	1.708	2.060	2.485	2.787	3.725
26	0.684	1.315	1.706	2.056	2.479	2.779	3.707
27	0.684	1.314	1.703	2.052	2.473	2.771	3.690
28	0.683	1.313	1.701	2.048	2.467	2.763	3.674
29	0.683	1.311	1.699	2.045	2.462	2.756	3.659
30	0.683	1.310	1.697	2.042	2.457	2.750	3.646
40	0.681	1.303	1.684	2.021	2.423	2.704	3.551
60	0.679	1.296	1.671	2.000	2.390	2.660	3.460
∞	0.674	1.282	1.645	1.960	2.326	2.576	3.291

x^2 分配表

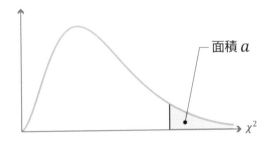

面積 a

χ^2

a 自由度	0.99	0.975	0.95	0.9	0.5	0.1	0.05	0.025	0.01
1	0.000157	0.000982	0.0039	0.0158	0.455	2.71	3.84	5.02	6.63
2	0.0201	0.0506	0.103	0.211	1.386	4.61	5.99	7.38	9.21
3	0.115	0.216	0.352	0.584	2.37	6.25	7.81	9.35	11.34
4	0.297	0.484	0.711	1.064	3.36	7.78	9.49	11.14	13.28
5	0.554	0.831	1.145	1.610	4.35	9.24	11.07	12.83	15.09
6	0.872	1.237	1.635	2.20	5.35	10.64	12.59	14.45	16.81
7	1.239	1.690	2.17	2.83	6.35	12.02	14.07	16.01	18.48
8	1.647	2.18	2.73	3.49	7.34	13.36	15.51	17.53	20.1
9	2.09	2.70	3.33	4.17	8.34	14.68	16.92	19.02	21.7
10	2.56	3.25	3.94	4.87	9.34	15.99	18.31	20.5	23.2
11	3.05	3.82	4.57	5.58	10.34	17.28	19.68	21.9	24.7
12	3.57	4.40	5.23	6.30	11.34	18.55	21.0	23.3	26.2
13	4.11	5.01	5.89	7.04	12.34	19.81	22.4	24.7	27.7
14	4.66	5.63	6.57	7.79	13.34	21.1	23.7	26.1	29.1
15	5.23	6.26	7.26	8.55	14.34	22.3	25.0	27.5	30.6
16	5.81	6.91	7.96	9.31	15.34	23.5	26.3	28.8	32.0
17	6.41	7.56	8.67	10.09	16.34	24.8	27.6	30.2	33.4
18	7.01	8.23	9.39	10.86	17.34	26.0	28.9	31.5	34.8
19	7.63	8.91	10.12	11.65	18.34	27.2	30.1	32.9	36.2
20	8.26	9.59	10.85	12.44	19.34	28.4	31.4	34.2	37.6
21	8.90	10.28	11.59	13.24	20.3	29.6	32.7	35.5	38.9
22	9.54	10.98	12.34	14.04	21.3	30.8	33.9	36.8	40.3
23	10.20	11.69	13.09	14.85	22.3	32.0	35.2	38.1	41.6
24	10.86	12.40	13.85	15.66	23.3	33.2	36.4	39.4	43.0
25	11.52	13.12	14.61	16.47	24.3	34.4	37.7	40.6	44.3
26	12.20	13.84	15.38	17.29	25.3	35.6	38.9	41.9	45.6
27	12.88	14.57	16.15	18.11	26.3	36.7	40.1	43.2	47.0
28	13.56	15.31	16.93	18.94	27.3	37.9	41.3	44.5	48.3
29	14.26	16.05	17.71	19.77	28.3	39.1	42.6	45.7	49.6
30	14.95	16.79	18.49	20.6	29.3	40.3	43.8	47.0	50.9

附錄

索 引

索引

〈参考文献〉

機率・統計

『Rによるやさしい統計学』
山田 剛史・杉澤 武俊・村井 潤一郎 著／2008／オーム社

『確率・統計』
薩摩 順吉 著／1989／岩波書店

『確率と統計―情報学への架橋』
渡辺 澄夫・村田 昇 著／2005／コロナ社

『統計学を拓いた異才たち―経験則から科学へ進展した一世紀』
デイヴィッド サルツブルグ 著／竹内 惠行・熊谷 悦生 訳／2006／
日本経済新聞社

『デタラメを科学する―カオスの世界』
高橋 浩一郎 著／1989／丸善

資料探勘

『集合知プログラミング』
トビー・セガラン 著／當山 仁健・鴨澤 眞夫 訳／2008／
オライリージャパン

『データマイニング入門』
豊田 秀樹 著／2008／東京図書

『パターン認識と機械学習 上 - ベイズ理論による統計的予測』
C・M・ビショップ 著／元田 浩・栗田 多喜夫・樋口 知之・松本 裕治・
村田 昇 訳／2007／シュプリンガー・ジャパン

自然語言處理

『岩波講座ソフトウェア科学（15）自然言語処理』
長尾 真 編／1996／岩波書店

『言語と計算（4）確率的言語モデル』
北 研二 著／1999／東京大学出版会

『恋するプログラム―Rubyでつくる人工無脳』
秋山 智俊 著／2005／毎日コミュニケーションズ

圖解　機率、統計【暢銷修訂版】

原著書名	イラスト 図解　確率・統計
監　　修	鈴木香織、竹原一彰
譯　　者	李貞慧

總 編 輯	王秀婷
特約編輯	陳錦輝
責任編輯	李華
校　　對	魏嘉儀
編輯助理	陳佳欣

發 行 人	涂玉雲
出　　版	積木文化
	104台北市民生東路二段141號5樓
	電話：(02) 2500-7696｜傳真：(02) 2500-1953
	官方部落格：www.cubepress.com.tw
	讀者服務信箱：service_cube@hmg.com.tw
發　　行	英屬蓋曼群島商家庭傳媒股份有限公司城邦分公司
	台北市民生東路二段141號2樓
	讀者服務專線：(02)25007718-9｜廿四小時傳真專線：(02)25001990-1
	服務時間：週一至週五09:30-12:00、13:30-17:00
	郵撥：19863813｜戶名：書虫股份有限公司
	網站：城邦讀書花園｜網址：www.cite.com.tw
香港發行所	城邦（香港）出版集團有限公司
	香港九龍九龍城土瓜灣道86號順聯工業大廈6樓A室
	電話：+852-25086231｜傳真：+852-25789337
	電子信箱：hkcite@biznetvigator.com
馬新發行所	城邦（馬新）出版集團
	Cite (M) Sdn. Bhd.
	41, Jalan Radin Anum, Bandar Baru sri Petaling,
	57000 Kuala Lumpur, Malaysia.
	電話：+603-90563833　　傳真：+603-90576622
	電子信箱：services@cite.my

封面設計	李俊輝、張倚禎
內頁排版	優克居有限公司
製版印刷	上晴彩色印刷製版有限公司

城邦讀書花園
www.cite.com.tw

ILLUST ZUKAI KAKURITSU・TOUKEI supervised by Kaori Suzuki, Kazuaki Takehara
Copyright © Kaori Suzuki, Kazuaki Takehara, 2009
All rights reserved. Original Japanese edition published by Nitto Shoin Honsha Co., Ltd.
This Traditional Chinese language edition is published by arrangement with Nitto Shoin
Honsha Co., Ltd., Tokyo in care of Tuttle-Mori Agency, Inc., Tokyo through Bardon-
Chinese Media Agency, Taipei.

國家圖書館出版品預行編目(CIP)資料

圖解機率、統計/鈴木香織, 竹原一彰監
修；李貞慧譯. -- 三版. -- 臺北市：積木文
化出版：英屬蓋曼群島商家庭傳媒股份有
限公司城邦分公司發行, 2023.11
　面；　公分
譯自：イラスト 図解 確率.統計
ISBN 978-986-459-540-2(平裝)

1.CST: 機率論 2.CST: 數理統計

319.1　　　　　　　　112017164

【印刷版】
2012年6月7日　初版一刷
2023年11月7日　三版一刷
售　價／NT$360
ISBN 978-986-459-540-2

【電子版】
2023 年 11 月
ISBN 978-986-459-545-7（EPUB）

Printed in Taiwan.
版權所有・不得翻印